Star
星出版

新觀點
新思維
新眼界

ドラッカー理論で成功する
「ひとり起業」の強化書

一人創業強化攻略

How to Apply Drucker's Theories for Entrepreneurial Success

天田幸宏
著
藤屋伸二
審訂
游韻馨 譯

Star星出版

目錄

Chapter 1
獨立創業
只要「發揮強項」
絕對賺錢

Chapter 2

獨立創業以「理念」切入就能賺錢

Chapter 3

獨立創業「掌握需求」就能輕鬆賺錢

Chapter 4

獨立創業
不陷入「競爭戰」
就能持續聰明賺錢

Chapter 5

獨立創業
找到「理想顧客」
就能惦惦呷三碗公

Chapter 6

獨立創業要「經營社群」開心賺錢

Chapter 7

獨立創業要「懂得說故事」賺錢

審訂者序

學會經營的基礎與原則，提高勝率

藤屋伸二

有些讀者可能覺得「杜拉克理論適合大企業，套用在獨立創業，會不會有些牽強或窒礙難行？」事實上，杜拉克的代表作《管理大師彼得・杜拉克最重要的經典套書》（*Management: Tasks, Responsibilities, Practices*），也介紹了在大學城中專門服務大學教職員的不動產經紀人——自雇者。

我研讀杜拉克的著作超過兩百五十次，深刻理解杜拉克的理論。有一位律師在獨立開業的半年前，加入了由我經營的「藤屋式小眾戰略塾」；開業一年後，他的收入是開業律師平均收入的兩倍左右。

那位律師說了這些話：「我運用了戰略塾教我的一切，發揮自己的強項。雖然沒人與我競爭，但我鎖定目標領域與客戶，確保收入無虞。我一直以為這麼做很合理，但在鄉下城市幾乎沒有同業這麼想，所以我從第一年就有不錯的成績。」

他的事業後來也一帆風順。

本書作者天田也在「藤屋式小眾戰略塾」學了七年，不僅如此，他還經營「藤屋式小眾戰略塾」的銀座塾，傳授獨立創業家與中小企業經營者藤屋式小眾戰略，也就是「生態性小眾戰略」——杜拉克在《創新與創業精神》（*Innovation and Entrepreneurship*）中提出的企業家戰略之一。

天田曾是創業家支援情報雜誌《Entre》的編輯，十八年來採訪了超過三千名創業家，累積豐富的經驗值，之後更協助創業家成立自己的事業，並且根據最適合自雇者與中小企業經營的「生態性小眾戰略」理論與實務撰寫本書。

杜拉克曾說：「所謂的企業家之所以失敗，是因為他們不知道經營的基礎與原則。」反過來說，只要學會「經營的基礎與原則」，就能夠提高成功機率，降低失敗風險。請各位務必讀完本書，學會基礎與原則，以期走上獨立創業的成功道路。

作者序

成功創業家的七個共通點

天田幸宏

本書是以杜拉克理論為基礎的創業理論書，是「由獨立創業家專為獨立創業家提出的合適獨立創業成功法則」。

首先，我想釐清「自由工作者」與「獨立創業家」的差異。

根據我個人的定義，「自由工作者」代表的是一種「職業」，例如作家、插畫家等。由於工作性質也包括承包型態，為了提升職涯發展，必須不斷磨練自己的技術。

「獨立創業家」則不受雇於人，自行「經營事業」。「獨立創業」最理想的型態是：根據需求開創全新市場。

那麼，何謂「獨立創業」的成功型態？「成功」原本就很難定義，每個人都有自己的答案，本書對於「成功的獨立創業」做出了這些定義：

□顧客願意以賣方的理想價格購買商品。
□培養出熱愛產品或服務的忠實顧客（粉絲）。
□不陷入價格競爭，可賺取適當利益。
□規模不大也沒關係，開創出全新市場。
□建立可持續賺錢的機制。
□每天開心工作，不會一直感受到壓力。
□克服過去的艱難經驗。
□藉由工作實現自我。
□感受到自己與世界的連結。

相信每個項目都打勾的人並不多，但確實有些方法可以實現這些定義，幫助各位獨立創業。去蕪存菁、將個中精髓介紹給各位，是本書最重要的職責與使命。

我目前的頭銜是「獨特化戰略顧問」，幫助和我一樣「獨立創業」的個人完成夢想。請容我簡單地自我介紹一下。

我一直夢想成為一位雜誌編輯，後來終於如願以償進入瑞可利公司，在創刊第三年的《Entre》雜誌編輯部工作。《Entre》一創刊就鎖定「創業」主題，是瑞可利少見的創業情報雜誌。我每天都要採訪創業者，過著充滿夢想與刺激的生活。

不只是採訪時接收到滿滿的刺激，公司內部的環境也令人振奮。《Entre》雜誌當時隸屬於企業孵化事業部，顧名思義，這是以支援開創新事業的公司與個人而建立的全新部門。

《Entre》雜誌的辦公室，設在新橋與濱松町中間的住商混合大樓一樓。之前我還以為我應該會在銀座八丁目的瑞可利總公司大樓工作，沒想到意外「流放地方」，不過編輯部的四十名員工，每一位都擁有獨特的價值觀，以

「野武士」來形容一點也不為過。編輯部的前輩離職後，並沒有跳槽到其他公司，而是「獨立創業」。許多《Entre》的離職者都成為創業家，盡展所長。

不只是總編輯自立門戶，幾年後就連副總編輯也「投奔自由」，獨立創業。不可思議的是，我也在不知不覺間想向前輩們看齊。不過，我的理由不是想開創新事業，而是想「跳脫公司框架，嘗試各種新事物。」

三十一歲的夏天，我與公司懇談後，轉為外包編輯，成為野武士集團的一員，以自由編輯的身分與《Entre》雜誌合作長達十八年。我藉此機會跑遍日本各地，採訪三千多名創業家。

容我花點篇幅，稍微說明一下催生本書的背景。時間要回到二〇一二年的夏天，相交已久的經營顧問藤屋伸二老師從福岡來到東京。他告訴我，他要針對經營者，成立以杜拉克理論為基礎的讀書會，問我願不願意一起參與？這是我與杜拉克理論（命中注定）的相遇。從那個時候起，我每個月都會參加例行讀書會，如今已過了七個年頭，可說是最資深的學員（塾生）。

藤屋老師是日本最具代表性的杜拉克研究家，以淺顯易懂與極具實踐性的文字解說艱澀難懂的杜拉克理論，深受中小企業經營者的支持。

藤屋老師最大的特色在於透過「圖解」與「漫畫」，解說以文字為主的杜拉克理論。這樣的做法也讓他的讀者群跳脫大企業幹部的既有框架，開創出「專為中小企業提倡的杜拉克理論」的全新市場。

坊間有不少人也提倡杜拉克理論，藤屋老師的「小眾戰略」是以大企業沒有跨足的獨特領域為主，我十分認同這樣的戰略。於是，我在二〇一七年加盟「藤屋式小眾戰略塾」，開設了銀座塾。草創時期，銀座塾只有三名塾生，如今我的學員來自各行各業，包括像我一樣的創業者，以及年收入超過十億日圓的企業經營者。

誠如前述，過去我在《Entre》雜誌採訪的三千多名創業家範例與杜拉克理論，是本書最重要的精華。

根據過去採訪三千多名創業家的經驗，無論創業規模大小，我發現成功的創業家有幾個共通點。

❶根據「自身強項」選擇事業。
❷主打明確的「理念」。
❸確實回應瞬息萬變的「顧客需求」。
❹建立「獨家市場」，避免捲入價格競爭。
❺抓得住「理想顧客」。
❻顧客成為「社群」的一分子。
❼闡述吸引人的「故事」。

這七點也是本書的基本架構，搭配杜拉克的名言和理論，介紹三十七名創業前輩的範例。本書盡可能不用專業術語，方便各位讀者依照實際狀況運用，發揮獨特的創造力。

雖然本書內容並非全是立即見效的萬靈丹，不過當你遭遇瓶頸挫折，絕對能成為最有力的後盾。

接下來，請跟我一起進入充滿夢想和希望的「獨立創業」世界。

Chapter 1

獨立創業
只要「發揮強項」
絕對賺錢

顧客是事業；

同樣的，知識也是事業。

產品與服務

不過是用來交換

企業具備的知識

與顧客擁有的購買力的媒介罷了。

──《成效管理》（*Managing for Results*），杜拉克 著

Power UP!!

01

沒有「強項」也能創業，但遇到景氣不佳就會萎縮

接下來我要與各位分享，**對獨立創業家而言最重要的事情，那就是根據「自身強項」選擇事業**。

或許有人會覺得「這種事還用你說？」

應該也有人認為「只要有未來性的事業都可以」，我不反對這樣的說法。

當景氣處於成長期或穩定期時，差異確實不大；一旦進入衰退期，顧客的消費行為就會轉趨保守，對於店家品牌的要求變高，更加追求性價比（CP值）。若景氣迅速衰退，唯有位居市場金字塔上層的商家可以存活下來，雖然很殘酷，這就是市場現況。

進入主題之前，容我先定義「強項」的意思。

本書將「強項」定義為「創造利潤的來源」。根據此定義，過去的經驗與實績，嚴格來說都不算「強項」。「強項」本身就能創造價值，亦可替換成「〇〇力」的說法。

在商言商，經營事業必須有利可圖，創造利潤並非偶然，而是自己認可的必然「強項」。杜拉克在《二十一世紀的管理挑戰》（*Management Challenges for the 21st Century*）中說道：**「專注於顯而易見的強項」，重點在於「顯而易見」**。遺憾的是，大多數做不出成績的創業家，都是在「不了解自身強項的狀態下」經營事業。

接下來為各位介紹以「顯而易見的強項」為武器，創造卓越成績的範例。

杉江景子（富山縣高岡市）從小就很喜歡讓人開心，看到別人欣喜的模樣，長大後從事企劃與製作婚禮（婚宴）請帖的工作。曾與工作夥伴一起策劃超過一百人的烤肉活動，也幫朋友舉辦生日派對，這是她最大的興趣。

二十一歲時買了第一部個人電腦，白天在公司工作，善用空檔時間靠自學學會了許多工作技能。她希望未來有一天能購買主機板，組裝自己的個人電腦。

有一天，她妹妹拜託她「幫忙設計喜帖」。從此之後，杉江小姐便踏入了「喜帖設計」的領域。

剛開始杉江保留公司的正職工作，以副業型態在拍賣網站販售自己做的喜帖，每個月只接一、兩件案子。有一次，她參加了一場與婚禮有關的活動，參與民眾全是即將結婚的新人，她發現自己與其他同行比起來，喜帖品質和集客力相差甚遠。杉江深刻體會到「自己目前的實力無法和其他人競爭」，唯一的優點只有「便宜」而已。

於是，杉江重新定義自己的「強項」與「價值」，畫了次頁的圖。

圖中共有三個圓，分別是「喜歡的事情」、「擅長的事情」，以及「顧客的需求」。杉江發現，這三個圓交集的部分就是「製作喜帖」。

1-01

「發掘強項檢測表」(以杉江為例)

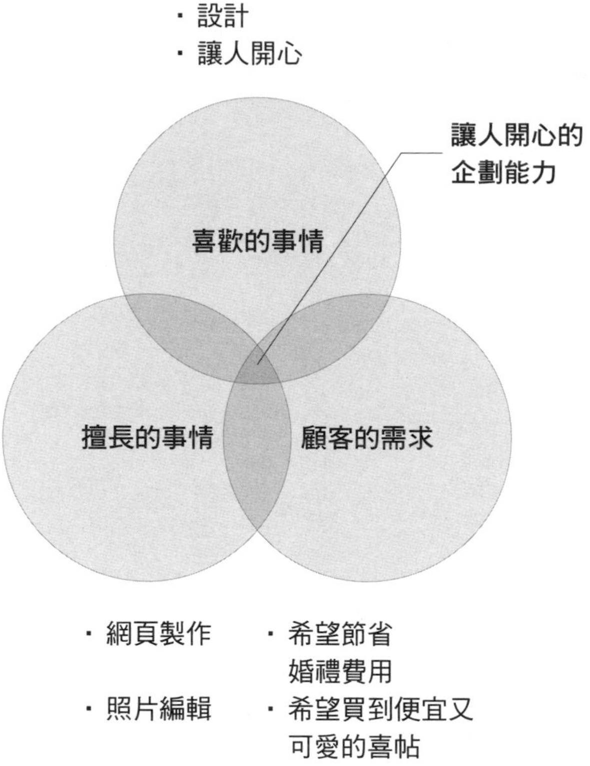

自此之後，她完全改變了工作模式與工作意識。杉江表示：「我從小就具備『讓人開心的企劃能力』，這是我最大的強項。」

杉江在二〇一四年成立COCOSAB公司（ココサブ），旗下有不少員工一起努力，每個月來自日本各地的設計委託案超過四百件，蛻變為知名的人氣品牌。

雖然喜帖設計並非無人發現的藍海市場，但只要發揮自身強項，不僅能夠消弭差距，還能像杉江一樣深受顧客喜愛。

杜拉克在《成效管理》中提到：**「成果只能從市場領導力獲得，無法從能力獲得。」**此處說的「領導力」，指的是「產品與服務的領導力」，亦即比其他商品更快獲得顧客青睞的狀態。若在商品的功能、品質、價格和因應能力上，具備勝過其他公司商品的吸引力，自然就能夠受到期待此吸引力的顧客群青睞，提高購買率。

無須追求全然的第一，只要在特定市場與顧客群中具備領導力，就是獨

立創業的必備條件。

POINT

「強項」是創造利潤的來源。

Power UP!!

02

你的強項由「顧客」決定

想知道自己的強項，最簡單的方法就是「請教顧客」。

若是即將創業的人，不妨問一些最了解你的家人、朋友與客戶。

關鍵是不要獨斷認定。自己決定的強項容易過於偏頗，而且通常與顧客的需求出現落差。

我舉個例子，為各位說明自己與顧客對於「強項」的認知落差。

有一位稅理士表示：「我的強項是諮商能力。」我與他的客戶聊過之後，客戶說：「他每次接電話都很快，迅速處理的態度讓我感到很放心。」從這一點可以看出，很多時候「自以為的強項」與「顧客認定的強項」並不相符。

詢問顧客的方式，其實也很簡單。

只要直接問：「請問你覺得我的強項是什麼？」，就可以了。不過，要注意詢問的對象，必須考量你與對方從過去到現在建立的關係，而且要找「會誠實回答的人」。

最好多問兩、三個人，雖然每個人的答案可能不一樣，但一定會有「共通之處」。這個共通之處，很可能就是你的「強項」。

不只詢問他人，偶爾也要問問自己，這樣的做法也很有效。當你問自己的時候，請你自問下列這類問題：

Q 到目前為止完成的工作中，哪項工作最有成就感？

Q 工作最讓你感謝與開心的事情是？

Q 小時候（或現在）最熱衷與擅長的事情是？

Q 小時候的志願是？

Q 花錢（或無償）也想做的事情（工作）是？

Q 過去成功與失敗的經驗是？

Q 其他公司不擅長，但自己只要努力就能做得好的事情是？

Q 其他公司很擅長，但自己怎麼做也做不好的事情是？

Q 今後想要積極合作的顧客，願意付錢購買你們的產品或服務的理由是？

與別人對話，可以找出自身強項，接下來我以實例說明。

堀北祐司（大阪市）在一家大型家電製造商擔任顧客諮詢室的主管，每年都要處理超過一萬件顧客投訴，可說是危機處理專家。他在過了三十五歲之後獨立創業，成為一名客服諮商顧問，但他不知道自己的定位，希望能與業界前輩有所區隔。

他決定發揮自己的經驗與實績，出版「客戶服務教科書」，可惜他接洽的出版社都興趣缺缺。

就在他努力奮鬥了好幾年之後，有一天我與堀北祐司會面，從他的談話中發現了一個重點。

下列對話，我重現當時的內容：

堀北 不是每個人都能長期從事處理顧客投訴的工作，通常三個月是一個重大關卡，度過這個關卡就能夠堅持下去。但是，絕大多數的人做不到三個月就心力交瘁，很快就辭職了。

我 這麼說的話，留下來的人，內心都很堅強囉？

堀北 當然也有內心堅強的人，但不是所有人都這樣。其實，我現在遭受批評，還是會覺得氣餒，要是對方態度強硬，我也會退縮。能堅持從事客服工作的人，都很善於管理壓力。與其宣洩壓力，不如好好與壓力共存。

我 你都如何管理壓力？

堀北 我曾經試過三百種管理壓力的方式，其中兩百種很有效，我每天都靠這些方法度過一天。我雖然是男的，但我會看女性雜誌提振心情，或是一口氣將汽水喝光。我認為最有效的方法是抱大樹。

現在也是一樣，我去寺廟或神社都會抱大樹。

我

就是這個！

我在這一刻發現了堀北的「強項」。

毫無疑問，他是客訴處理專家，但世上有許多這樣的人。客訴是一項十分嚴酷的工作，堀北的「強項」就是脫口說出的「與壓力共存的生活習慣」。

於是，他立刻改變既定方向，重新製作出版企劃書。出版社覺得他的新企劃很有趣，最後出版了《世界第一簡單！與壓力共存的方法》（世界一簡単！「ストレス」と上手につき合う方法）。

堀北現在轉型為壓力管理專家，愈來愈多企業邀請他開設進修課程或演講。他不僅實現原本的目標，確立客服專家的地位，更以「壓力與客服專家」的身分度過忙碌的每一天。

這個例子告訴我們，**你「真正的強項」潛藏在稀鬆平常的日常對話之**

中。自我感覺良好，不代表「真正的強項」，受到身邊人認同的特質才是，這一點很重要。

杜拉克在《成效管理》中也說：**「顧客很少會買企業認為好賣的商品。」**我們絕對不能忘記這句話，**讓顧客買單的是「消除不滿和不方便」、「補充不足之處」與「解決問題」，產品和服務不過是解決這些問題的方法罷了。**

POINT

你「真正的強項」，潛藏在稀鬆平常的日常對話之中。

Power UP!!

03

插旗只有自己做得到的市場，開創「獨特化」事業

獨立創業最重要的是不能陷入價格戰。

一旦放棄決定價值的主導權，最後你將面對的是受到市場操控的經營模式。承包工作之所以令人覺得無法施展身手、綁手綁腳，是因為工作預算早已決定，限縮了經營的自由度與選項，這就是人家說「經營的關鍵在於決定價值」的原因。

那麼，怎麼做才能掌握主導權？答案之一是確保「獨占地位」，即使市場規模小也沒關係，本書將確保並維持獨占狀態稱為「獨特化」。

「獨特化」與精進技術和技巧的「差異化」不同。「差異化」是讓人驚呼

「竟然可以做到如此極致！」的境界，「獨特化」會讓第三人產生「這是什麼？」的反應，本質在於發掘客戶需求，創造全新市場。

接下來，為各位介紹一個「獨特化」的成功案例。

在冷凍食品製造商工作的西川剛史（東京都），決定發揮自己的技術與經驗獨立創業，成為一名冷凍食品專家。透過演說、書籍和個別指導，傳授一般家庭冷凍食物的技巧。

西川曾是一名蔬菜品嚐師，他以獨樹一格的方式複製過去經驗，著手栽培「冷凍生活顧問」。結果，他在日本各地結交了許多志同道合的夥伴，讓愈來愈多人接觸到冷凍生活的魅力與專業知識。

這個案例的關鍵在於，西川的客源不是餐飲店或冷凍食品商等業者，而是以一般民眾為目標族群，成功開拓藍海市場（無人競爭的全新市場）。西川的職稱是「冷凍生活顧問」，相信許多在冷凍食品界工作的從業人員和專家看到這個職稱之後，絕對會產生「這是什麼？」的反應。

下頁圖表是實現「獨特化」的四大要素。

❶挑戰業界的非常識與異常識

每個業界都有各自的阻礙與規則，相信其中也有許多不合時宜的現象。針對這些部分嘗試改善與進化，就能開拓全新市場。

❷在同行與顧客眼中看起來很麻煩的事情

無論哪個時代，麻煩的事情都很容易進化成一門職業或工作。就像洗衣店之所以存在，就是因為一般人覺得在家裡燙衣服太麻煩了。同樣的，只要願意解決麻煩的事，就能夠開拓新市場。

❸外界摸不清獲利模式

過於簡單的商業模式很容易遭到模仿，外界摸不清如何賺錢，看不出獲利模式的獨占市場，才能延長壽命。

❹大企業未涉足的市場規模

大企業要跨足新市場時，最重視的是市場規模。大企業會先仔細計算涉

1-02

開創獨占市場的四大要素

① 業界的非常識與異常識	② 看起來很麻煩
③ 外界摸不清獲利模式	④ 大企業未涉足

足新市場可以創下多少市占率、會賺多少錢，確定有利可圖才會實際行動。因此，一人創業要插旗的市場必須夠小，大企業覺得無利可圖是事業可以持續經營的祕訣。

杜拉克在《創新與創業精神》中提到：**「小眾戰略的目標，就是在限定領域創造實質的壟斷。」**

在可以獨占的小市場開創事業稱為「小眾戰略」，「小眾戰略」是最適合一人創業的方針。對大魚來說過小的魚缸，是小魚最安全舒適的居住環境。找出適合自家公司的市場才是關鍵。

POINT

利用「獨特化」掌握「決定價值的主導權」。

Power UP!! 04

精進技術和技巧，創造「差異化」

怎麼做，才能創造「差異化」？

我相信，這是所有生意人都會思考的問題。

「差異化」最簡單的方法是精進技術和技巧，不過毫無章法的精進，對顧客來說可能感受不到差異。

判定為「差異化」的指標之一，就是讓顧客和同業驚呼「竟然可以做到如此極致！」的境界。營造「其他人做不到」的狀態（氣氛），就是十足的「差異化」。

接下來，為各位介紹一個徹底追求「竟然可以做到如此極致！」的境界，成功打造「差異化」的實例。

位於千葉縣流山市的烘焙坊「小倉烘焙坊」，有一位名為小純的女麵包師傳將一斤（三百四十公克）吐司切成九十九片並上傳到推特，引起熱烈迴響。這項創舉原本只是用來訓練切片技巧的一環，剛開始切成四十七片，後來增加至七十七片、八十八片、九十三片、九十五片，最後切到九十九片。小純不斷將自己薄切吐司的挑戰結果上傳至推特，讓所有追隨者為她加油，希望她能挑戰切一百片。小純貼出了切成九十九片的推文，寫道：「還差一片！」

最後，小純創下了一〇七片的新紀錄。當時電視節目正在採訪她，創紀錄的一刻也透過電視傳送到世人眼前，日本各地的民眾紛紛獻上祝福並表達讚嘆之意。相信許多人看到這段畫面之後，一定會想「真希望有一天，能夠吃到小倉的薄切吐司。」

這件事告訴我們，普普通通無法掀起話題，無法受到公眾注意。若下定決心磨練技術與技能，就必須做好廢寢忘食的覺悟，徹底去做。

下一頁介紹的圖表，是當你想要找出事業領域的定位並鎖定客群時，十分好用的參考資訊。縱軸為「獨特化」，橫軸為「差異化」。

從這張圖可以看出，當你的縱軸與橫軸定位不清，就會陷入與競爭對手大打泥淖戰的「紅海」（過度競爭）市場。當你選擇可以大量生產的低價產品與服務，就會進入這個領域，也是大企業參戰的市場。一人創業絕對不能靠向紅海市場，否則不到一年就會被迫退出。

位於中間的是「荒蕪之地」，換言之，就是不上不下的領域。既做不到「差異化」，也離「獨特化」很遠，代表這項事業「毫無特色」可言。由於這個緣故，自然不受顧客青睞，也無法做出成果。

獨立創業追求的是位於右上方的「藍海」市場。要鎖定的不是大規模市場，而是在藍海裡「自己最擅長、絕對不會輸的領域」，以及「目標明確的小眾顧客」。

同時也要思考：「怎麼做，才能進入藍海市場？」可以走橫軸的差異化

1-03

從兩軸決定事業領域

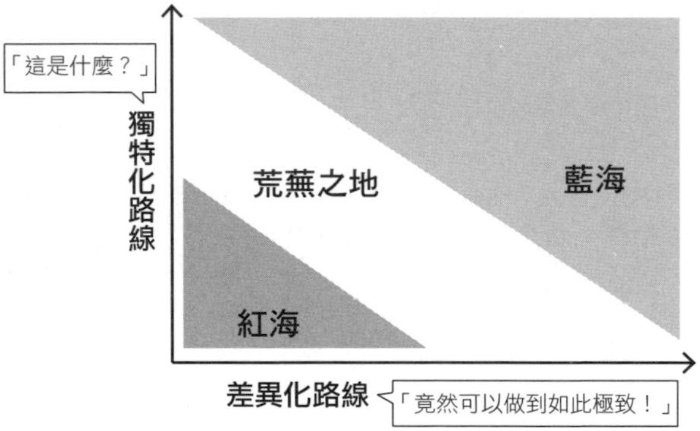

路線，如果你有新事業的創意點子，也能進攻縱軸的獨特化路線。從現實面來說，無法做到「兩者平衡」的路線，因此請務必積極研究事業的創意與強項，確定自己適合走哪條路，再踏出創意的第一步。最後就能取得「差異化」與「獨特化」的平衡，在一定程度上鎖定事業領域與目標客群，這是最理想的狀態。

接下來，我要介紹一個充分實現「差異化」與「獨特化」的經營實例。

有一間創業於昭和初期，位於東京原宿的精米店，目前已傳到第三代老闆。第三代老闆小池理雄擁有社會保險勞務士的證照，過去曾在人資顧問公司工作。他繼承家業之後，深感光是賣米沒有特色，再這樣下去只會墜入貧窮之地。於是，他考取了「五星稻米大師」證照，這項證照素有「米博士」的美譽，是很專業的認證資格。

二〇一一年的東日本大地震，讓小池理雄遇到了事業轉機。當時稻米遭到壟斷，精米店很難買到新米，不得不停止開發客戶。於是，他利用閒暇時間舉辦與稻米有關的活動，並將活動內容上傳至社群網站與部落格。隨著愈來愈多人認識這位「稻米專家」，他的商品也開始在市場上流通，包括高級壽司店和頂級日本料理店，許多餐廳紛紛向他訂購稻米。

這個經驗讓他深刻感受到他的「強項」就是無人能比的稻米知識，以及媲美品酒師的專業表達能力，讓他可以更輕鬆地向大眾介紹稻米的滋味與魅力。結果也讓顧客發現，「他與一般的米店老闆截然不同。」

杜拉克在《杜拉克精選：個人篇》（*The Essential Drucker on Individuals*）中提到：**「唯有實踐小範圍的使命、願景與價值觀，才能創造極大成果。」**

獨立創業家的一步可能很小，但足以成為改變世界的契機。貢獻的對象不是大眾，而是限定的小範圍群眾，這一點極為重要。

POINT

「差異化」的理想型態是令人驚呼「竟然可以做到如此極致！」

Chapter 2

獨立創業
以「理念」切入
就能賺錢

所有企業
都必須定義自己的事業，
也就是定義事業與經營能力。
而且，所有事業都必須規劃
會收到相對報酬的貢獻。
「這不是我們公司的事業。」
「這不是我們公司做生意的方法。」
即使只是如此簡單的定義也很有用。

——《成效管理》，杜拉克 著

Power UP!!

05 你為什麼創業？

「企業存在的目的在於創造顧客。」這是杜拉克語錄中，最有名的一句話。

「上班族」與「獨立創業」最大的差異是什麼？上班族即使表現稍微不如預期，也不會拿不到薪水，或者立刻丟掉飯碗。但無論是哪種工作，一旦辭職創業，就必須持續讓「顧客／客戶買單」，才能夠創造收益。

我說的可不是「賣出大量商品就好」這種簡單的事，如果降價出售到毫無利潤可言，也無法讓企業存活下去。

重要的是讓顧客「以我方希望、確保公司賺取合理利潤的價格購買」，要增加這樣的顧客，這就是杜拉克所說「創造顧客」的原點。總而言之，顧客的存在就是企業存在的目的。

如何才能增加有利潤的營業額？方法有下列兩種：

❶ **滿足顧客需求。**

❷ **創造顧客需求。**

容我先解釋文字上的定義，杜拉克強調定義所有事物的重要性，這一點眾所周知。若定義不清或錯誤，就無法達到想要的成果。

事業目的＝能夠提供顧客什麼樣的效果或價值？

經營目的＝創業動機，或為顧客提供價值、想要達成的未來目標等。

由此可知，事業成立的要件是「提供方的企業」與「受益方的顧客」必須共存。想要達成事業目的，就必須滿足掌握所有決定權的顧客需求。

用另一種說法來解釋經營目的，那就是「創業的原因」。釐清「原因」對獨立創業來說相當重要，因為可以引起顧客和周遭的共鳴，有時也會成為克服困難的原動力。

自己信服的「原因」，能讓未來的道路更加明確。

古市盛久（東京都）開設房仲公司之後，營業額很快就突破一億日圓，他還投入以銀髮族為目標族群的代購服務。他雇用了八名員工，聲勢壯大地創業，也擁有超過一百名會員，卻竟然沒有人使用他的服務！短短一年就退出市場。

慘痛的失敗經驗，讓古市深刻反省。他發現，這一切不過是「紙上談兵」罷了，於是解雇了所有員工，回到獨自一人的狀態。他決定重新再來，這次不追求名聲，踏踏實實地解決高齡族群的問題，創立「五分鐘一百圓的家事代勞事業」。

最令他印象深刻的顧客，是一名無人可以依靠、時常感到孤立不安的老人家。當他完成服務時，老人流著淚，開心地笑著。那一幕讓古市開竅了，他體會到「我該做的事，是打造一個讓老人可以安心生活的社會」，這個經驗讓他「醍醐灌頂，豁然開朗」！

蘋果公司就是以最理想的型態充分發揮「事業目的」與「經營目的」的企業範例。

蘋果草創時的理念（經營目的）為「Changing the world, one person at a time.」，意思是「打造一個只要學會使用電腦，每個人都能發揮創意的世界。即使一次只能改變一個人也沒關係，慢慢就能改變世界。」

儘管「事業目的」會隨著時代變遷，但在蘋果主打的廣告口號中，最令人印象深刻的就是「Think Different」（不同凡想）。這則廣告發表至今已經超過二十年，仍讓許多果粉津津樂道。而且讓我們深刻體會到蘋果堅定不移的決心，那就是「為了真心改變世界的瘋子們（crazy ones），製造適合他們的工具。」

我個人也花了好幾年的時間持續摸索「事業目的」。有一次，我發現來找我諮商的人都有三大特點：

❶ 從事一項工作超過二十年，擁有豐富經驗，創造無數成就。

❷透過工作達成自我實現的目的。
❸思考如何度過未來的人生，不過沒有找到答案。

從此之後，「為專業人士打造畢生志業、建立社群」，就成為我的事業領域。這項事業能讓擁有新目標的人們再次展翅高飛，見證他們蛻變的我，也感受到極度的感動與希望。

你為什麼要創業？

你能提供顧客什麼價值？

POINT

企業存在的目的在於創造顧客。

06 只要有「黃金理念」，無須費力銷售

各位聽過「電梯簡報」（elevator pitch）嗎？指的是想要募資的創業家，向一同搭電梯的投資者，在短短幾十秒內，說明事業特性與魅力，以引起對方興趣的行為與技巧。

獨立創業也一樣，若是拖拖拉拉地向別人解釋自己的事業理念，對方聽沒幾句就會立刻關上心門。

如今簡報能力與表現力的價值，幾乎與「攬客力」不相上下，獨立創業家也不例外。

「Concept」是簡單表現事業魅力的重要關鍵，「Concept」一般翻譯為

「理念」、「概念」。在商業世界裡，「Concept」是「貫徹事業的中心思想與基本想法」。**本書定義為「以什麼方式為誰提供什麼事物」，一言以蔽之，就是「事業的本質」**。

事業本質有兩大要素：「創新性」（衝擊性）與「共鳴性」（實現可能性）。如果能讓所有接觸到事業本質的人，都能覺得「很新奇、很有趣，令人印象深刻」，那是最理想的狀態。

關鍵在於兩者的平衡點在哪裡？「創新性」或「衝擊性」太強會走得太快，超越這個時代的常識，可能只有少數人可以理解；若「共鳴性」或「實現可能性」太強，則會讓人覺得平凡無奇，沒什麼興趣。

在「創新性」與「共鳴性」中取得平衡的「事業本質」（Concept），會引起眾人興趣，驚呼「這個真棒」、「我想多知道一點」、「這就是我想要的」。

建構「事業本質」有兩大方向，一個是像好萊塢電影一樣，成為眾人喜愛的企業；另一個則是鎖定小眾市場與特定對象，適合一人創業。**一人創業**

的「事業本質」無須迎合大眾，但必須抱持「只要特定族群喜歡就好」的堅定態度。

接下來，為各位介紹一個「堅持追求特定族群認可」而成功的獨立創業範例。

山本遼（東京都）原本在一家房仲公司工作，後來決定辭職創業，開設了「R65不動產公司」，專門為六十五歲以上的銀髮族提供租賃房屋的服務。許多租賃住宅一看到「老人」就拒絕出租，使得高齡族群很難租到房子，山本想要打破這樣的現狀，於是獨立創業。

山本的事業最大的特色是主打「銀髮族租得到的物件」，也讓「R65不動產」發展成一間「專為六十五歲以上租屋族提供服務的房仲公司」。公司名稱「R65不動產」包含了建構事業本質的重點，也就是「為『誰』提供什麼『服務』」，蘊藏「打造一個高齡族群也能活出自我的世界」的企業願景。

這類鎖定特定市場和族群的事業理念，我稱為「黃金理念」。只要有

2-01

「衝擊性」與「實現可能性」的平衡點

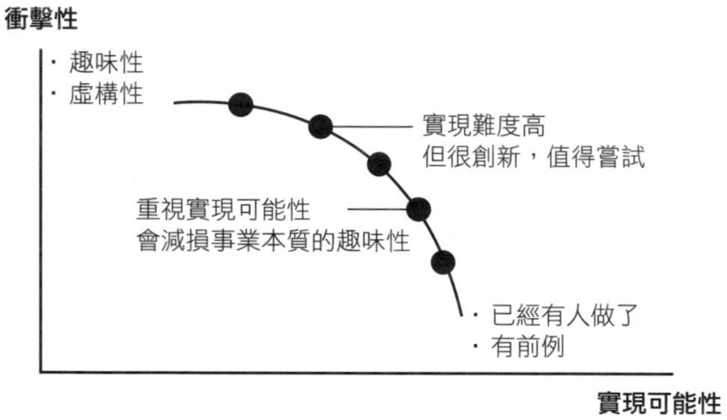

引自木谷哲夫的《所有成功都來自理念》（成功はすべてコンセプトから始まる），部分內容稍作修改

「黃金理念」，就會收到來自目標族群的洽詢，無須過度打廣告，也可以大幅降低亂槍打鳥的業務行為。一人創業最缺的是人力，「黃金理念」可說是最強的武器。

杜拉克在《杜拉克精選：個人篇》中提到：**「想要發揮自身強項，必須專注在需要發揮強項的機會。」**

這句話的意思是優先專注在最重要的事情，為此，必須以淺顯易懂的方式表現「自己創立的事業，可以為誰做出貢獻」。

POINT

理念需要的是「創新性」與「共鳴性」。

07

購買商品與享受服務的顧客如何變化與成長？

顧客的變化與成長型態，是評估獨立創業「理念」的重要指標，不妨從「變化前與變化後」的角度來思考這件事。

以淺顯易懂的方式來表現「變化、成長型態」就是「黃金理念」。

愈容易讓人理解變化、成長的型態，就愈容易向外界傳遞理念，下列是幾個具體實例。

□運動數據紀錄、企業業績等化為具體數字的結果

□體型或體重變化等外觀表現

□包含自我實現，達成目標的結果與過程

□解決的問題與課題
□宣洩與消除壓力

接下來，我要介紹將「變化」化為理念武器的典型範例。

小林一行（埼玉縣）活用自己的減肥經驗，傳授他人「不挨餓的減肥方法」。他過去在公司上班時，每天過勞，承受了龐大壓力，引發憂鬱症。每到半夜，他就會暴飲暴食，很快胖了好幾圈。他為了讓自己瘦下來，試過各種方法，不幸每次都失敗，直到找到了他最感興趣的休閒娛樂，也就是玩遙控飛機，才真正讓他擺脫煩惱。

小林從這個經驗中，體會到「人在從事自己的興趣時，會專注到忘了吃飯」，於是開始研究心理狀態與減肥之間的關係。後來，他研究出「不挨餓的減肥方法」，兩年內成功減下二十五公斤。

自此之後，他也以「減肥從療癒心靈開始」的理念為主軸，創立了「日本心理減肥協會」。他根據自身經驗，協助別人達成減肥目標，出版了多部著作，接到來自日本各地許多演講與減肥指導的邀約，最後他決定自行創業。

這個例子就是將創業家自己的變化當成事業理念，進而成功創業的典範。顧客也能從小林的改變想像自己未來的變化，清楚感受到他的事業理念，這形成了極大的向心力。由於小林的事業領域不以普羅大眾為目標，大企業很難涉足。「黃金理念」能讓創業家即使在小規模市場也能達到獨占狀態，是一人創業吸引人的地方。

杜拉克在《杜拉克精選：管理篇》（*The Essential Drucker on Management*）中提到：**「顧客關心的是價值、需求與現實」**，強調找出顧客需求的重要性。注意競爭對手的動向，提升自身事業的理念。

POINT

變化與成長的過程引發顧客共鳴。

Power UP!!

08

關鍵不在於「做什麼」，「不做什麼」才是你應重視的理念

杜拉克在《杜拉克談高效能的五個習慣》（*The Effective Executive*）中提到：**「（經營者）真正要做的不是決定優先順序」，這句話的意思是，企業不是只要執行應該完成的待辦清單就好，「思考不做什麼」也很重要。**

不做某件事是需要勇氣的，不僅要在創業前做好準備，也必須擁有堅定意志，才能真正做到「不越雷池一步」。

我自己很不擅長下定決心「不做什麼」，所以有一段時間我什麼都想做，給自己太大負擔。現在回想起來，身體只有一個，怎麼有那麼大的自信想做那麼多事呢？連我都感到不可思議。

我在三十一歲成為自由工作者，是一名接案的雜誌編輯，希望在各領域有所表現，於是嘗試成為作家。我之前在公司上班時就寫過許多文章，因此寫作對我來說得心應手，那段時期過得忙碌又充實。

我就這樣斜槓了三年，突然想到一件事：「如果我一直這樣兼差下去，維持目前的工作型態，未來會是什麼樣子呢？」

當時，我開始投入商業書籍的製作，我的工作是找出「想出書」的經營者強項，撰寫企劃書，向出版社提案，連出書後的宣傳，我也一手包辦。這是由來已久的工作類型，由於這項工作原本就有一定的需求，因此我接到的工作比自己想像的還多。最後，我決定就算還有人找我，以後我也不接寫作的工作了。

決定「不做的事」之後，我可以專心從事本業。剛好原本做的月刊雜誌編輯工作，改成雙月刊，後來又變成季刊（一年發行四次），時間一久，製作書籍變成我的本業。從結果來看，周遭環境像是要促成我的願望似的，產生了有利於我的變化，但追根究柢，如果自己不做決定，也不會有這樣的轉變。

不只這件事，後來我也反省了自己攬太多事在身上的現況。剛開始製作書籍時，我參加了成立第四年的支援出版ＮＰＯ（Nonprofit Organization，非營利組織）計畫。幾年後，我還扛下了事務局的營運工作，甚至擔任組織的理事與事務局長等職務。當時我一心認為「我一定要支持這個團體」，因此全力以赴。現在回想起來，我花了太多時間與心力在相關活動上。

最後，我投入了十一年的時間在ＮＰＯ活動，當然我因此受益良多。後來好不容易完成交棒，將ＮＰＯ交給年輕後輩處理，我終於又有自己的時間，專心從事本業，享受從容的生活，這是用錢也買不到的寶藏。

拒絕「這個可能會賺錢」、「那個看起來有利可圖」的誘惑，將所有心力挹注在最能夠發揮強項的事情。獨立創業的資源有限，唯有做好「抉擇與專心」，才能夠確實提升業績。

POINT

列出「不辦清單」。

Power UP!!

09

利用「獨創頭銜」，成為獨一無二的創業家

一人創業最能與其他公司做出區隔的方法之一就是「頭銜」，一人創業要開創的是以「你」為主的事業，因此「頭銜」也可說是「理念」的體現。

以「經營顧問」這個職稱為例，顧名思義，這項職務涵蓋的範圍包括所有與經營有關的事務，而且世界上有數不清的「經營顧問」。一人創業的目標是「成為其他企業無法模仿的公司」，所以不建議採用「經營顧問」這樣的頭銜。

我在此介紹的只是方法之一，各位不妨根據自身強項，鎖定你的目標族群，再以你可以提供的價值決定頭銜。

強項×目標客群×提供價值=獨創頭銜

接下來介紹的例子，是透過「獨創頭銜」，讓自己的定位與眾不同。

松崎暢之（東京都）是一名顧問，專門提供事業繼承的相關諮詢。他過去曾經以最年輕之姿，當上日本大型物流公司的總裁，可說是經營專家。他曾將年營業額三十億日圓的企業，提升到年營業額六十億日圓，更將公司內部困擾已久的高離職率，從十%降低至一%，成績相當亮眼。

四十三歲那一年，松崎決定創業，當時他最煩惱的，就是不知該如何設定「頭銜」。他在當上班族時已經考取中小企業診斷士執照，但這項資格無法做出差異化，因此從未考慮過要強調這件事。

他想成立的公司是一間以年營業額五十到一百億日圓的企業行號為對象，協助他們盤點現有資產，與新世代幹部一起成立新事業，同時提供事業繼承的相關諮詢。從具體內容來說，這是一間綜合性顧問公司。

剛開始創業時，他使用的是「新事業開創製作人」的頭銜，但用了一陣子之後，發現效果不好。主要客群，也就是公司老闆，反應相當冷淡。於是，他決定找出自身強項、目標客群與自己可以提供的價值。

強項＝從事橄欖球運動培養出的突破力與卓越的管理能力

目標客群＝年營業額五十到一百億日圓規模的創業社長

提供價值＝讓創業者感到安心，讓新社長充滿自信

最後，松崎想到了「事業創造士」這個頭銜。他之前使用「製作人」這個頭銜時，總覺得別人不重視（這是松崎自己分析後得到的印象）。用「士」這個字，讓人聯想起有專業執照的專家，增添了權威感。

聽說他改了頭銜之後，效果相當好。之前與創業社長見面會談，談過之後就沒下文了，如今以「事業創造士」的頭銜跑客戶，對方反而想要主動了解他能夠提供哪些服務。

松崎自從創造出專屬頭銜之後，與初次見面的人從交換名片的那一刻起就打開了話匣子，逐漸建立起打造新事業專家的名聲。

杜拉克在《杜拉克精選：管理篇》中提到：**「只要是對病患有利的事就應該做，平衡收支是院方的工作。」**

病患當然要好好照顧，換作是生意，要照顧的就是顧客。我們很容易將自己想說的話放在頭銜裡，但如果從顧客利益出發，**讓顧客第一眼看到頭銜，就能夠聯想到自己可以接受什麼樣的服務，一定更容易成交。**

因應顧客需求想出來的頭銜，能夠創造如此大的效果，各位務必好好思考自己的頭銜。

POINT

成為其他公司無法模仿的典範。

Power UP!!

10 定期調整「理念」，直到自己心服口服

無論事業理念多完美、受到多少顧客支持，隨著時代變化，理念的影響力可能會愈來愈小。為了避免這個問題，請各位務必定期調整自己的理念。

這一篇要介紹的是多次更改自己的頭銜，成功打開「獨特化」大門的古川武士（東京都）。我要透過古川的例子，讓各位了解，隨著時代變化建構「理念」，能使頭銜與公司理念緊密結合，有助於事業發展。

古川之前曾在大型電機製造商擔任業務，後來獨立創業，成為一名以上班族為目標族群的「事業教練」。但「教練」這個頭銜，完全不吸引人，他很快就遇到事業瓶頸。

後來，他更改頭銜為「夢想顧問」。他的目標是幫助大家實現夢想，從夢想設定到實現，提供完整的支援。但客戶告訴他，從頭銜根本看不出他能為客戶做什麼，於是他又決定更改頭銜。

這次改成「業務教練」，他想要發揮自己最擅長的業務經驗，傳授業務員跑客戶的技巧。原本以為這個頭銜應該會有用，沒想到一直無法創造出創業前預估的龐大商機，不知如何是好，成天鬱鬱寡歡。

後來他發現重點在於動機。那個時候，顧問公司正好很盛行一種說法，認為「動機就像湧泉，是從身體內部持續湧現的意識」，因此我們要學會控制這個意識。古川想要發揮自己過去的經驗，於是創造出「動機顧問」這個頭銜。他有一位客戶是新創公司的社長，那位社長對他說：「我們要是失去動機，就無法經營事業了」，這句話點醒了他。

於是，古川再次修正自己的理念，這次他注意到在居酒屋之間流行的「奇蹟的朝會」。「奇蹟的朝會」指的是所有參加朝會的成員，也就是公司從業人員，必須在朝會上大聲說出今天的目標或人生的願景，藉此提升公司內部的整體感，強化每位員工達成目標的意志。日本各地都有公司舉辦這種活動，相當受歡迎。

古川立刻改用「朝會教練」這個頭銜，不過他很快就發現，這個頭銜有一個致命缺點。大家可別以為我在說笑，當時的古川很討厭朝會，最後只好放棄。

古川繼續尋找自己的創業理念。有一次，他與自己簽下的教練聊天，提到「將自己不擅長的事變成自己的長處」這件事。談話中，古川想起自己原本是個三分鐘熱度的人，他為了改變自己，創造出「習慣化的技術」，讓自己養成堅持下去的習慣。他發現，這就是他的強項。

對方一聽他的發現，立刻就說：「習慣化啊！這個點子很好。」長達好幾年的理念探索之旅，就在這一刻抵達終點。於是，他將「習慣化」設定為自己的新理念，以「習慣化諮詢顧問」的頭銜重新出發。

後來，古川撰寫出版企劃書，寄給三十三家出版社，得到十一家的回應。他的企劃很快就被採用，出版了人生第一本書《改變人生的持續術》。

決定理念之後，目標就會變得更遠大。世界各地的讀者受惠於養成習慣的持續術，紛紛迴響表示：「我的人生改變了！」，就此奠定了古川的地位。後來，他也以這個獨創的持續術為主題，出版了二十本書。「習慣化諮詢顧問」的理念，開創至今已經超過十年，仍然受到許多支持，不只日本各地，書籍還在中國、韓國、台灣、越南、泰國等國推出翻譯版本，還有不少來自海外的工作邀約。

杜拉克在《成效管理》中提到：**「危機與弱點，讓事業看到機會的存在。將問題轉化成機會，就能獲得意想不到的成果。」**

換句話說，「這個世界沒有完美的企業」，任何企業都有不擅長的領域和缺點。古川在摸索自己的理念時不斷試誤，持續尋找「帶有自我風格的理念」，終於找到了「新的市場」，抓住機會。**靈活秉直的作風，讓自己成為獨**

一無二的典範，自然創造出滿意的成果。

POINT

時代與顧客不斷改變。

Chapter 3

獨立創業
「掌握需求」
就能輕鬆賺錢

企業家認為變化是
健康且自然的事情。
變化不一定都是
企業家自己創造的，
應該說，企業家主動改變的例子
十分少見。
不過，企業家是
懂得探索變化、因應變化，
將變化當成機會、好好利用的人。

──《創新與創業精神》，杜拉克 著

Power UP!!

11 「普遍需求」與「變化需求」

杜拉克曾說：**「企業因應顧客需求而改變」，對獨立創業來說，最重要的就是「因應顧客需求」。****「顧客需求」可分成「普遍需求」與「變化需求」兩種。**「普遍需求」指的是人活著一定會有的需求，這些需求不會受到時代更迭影響。「變化需求」則是指會隨時代改變的需求。

舉例來說，當我們「肚子餓的時候」會想吃東西，這是人類生存不可或缺的「普遍需求」。但是，「我想吃現在最受歡迎的拉麵」這類需求，會受到流行與個人喜好影響，因此屬於「變化需求」。

獨立創業致勝的契機，在於「普遍需求」與「變化需求」重疊的部分。

「普遍需求」的市場原本就很大，參與競爭的大企業也很多，很容易陷入價格戰。

相較之下，無論對「變化需求」做多少市場調查，也很少能夠達成預期目標。過於走在時代尖端的產品和服務，通常都要花上好幾年，才能夠創造令人滿意的成果。綜合前述觀點，兩者重疊的需求，最適合獨立創業。

接下來，為各位介紹兩個例子，看他們如何從「普遍需求」中發現「變化需求」。

楠惠（東京都）是「到我家用餐」（Home Visit）活動的發起人，這項活動邀請到日本旅遊的外國觀光客，到當地的日本家庭用餐，一起共度幾個小時的美好時光。她從「吃飯」這個「普遍需求」中，發現了「到日本的外國人想到日本家庭吃家常菜」的「變化需求」。到目前為止，總共媒合了六十七國八千名海外觀光客，與總計超過三千七百個日本家庭（主人）一起

3-01

顧客需求分為兩種

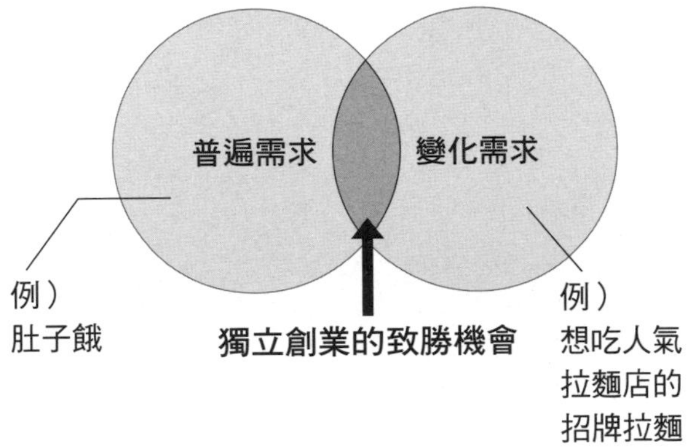

用餐。

楠惠創業的契機是，她隨著丹麥籍先生拜訪婆家的時候，體驗他們的生活型態一起用餐，感受到無數驚喜與感動。她希望來日本旅遊的觀光客，也能體會這種感動，於是開創了「到我家用餐」的事業。

不只是外國觀光客，擔任主人的日本人也受益良多。有人認為「視野變寬廣了」，還有人表示「改變了對外國人的看法」，無數的好評讓她的事業蒸蒸日上。

另一例則是關於「睡眠障礙」，這可說是令人煩惱的現代文明病，近來甚至出現「睡眠負債」這樣的流行語。許多研究顯示，輕微的睡眠不足，會提高罹患致命疾病的風險，降低日常生活的品質。

河元智行（千葉縣）成立了一家專賣枕頭的網路商店，幫助顧客解決「無法熟睡」、「沒有足夠的睡眠時間」等煩惱。

河元還是個上班族的時候，有一次買了新枕頭，不小心落枕。這個慘痛經驗讓他決定成立一個與枕頭有關的入口網站，後來決定「將能讓人享受深層睡眠的舒適枕頭，當成自己的事業發展」，獨立創業。

如今，河元販售過的枕頭約有八百種，致力於開發公司獨創的枕頭，創業已經超過十五年，一直都很賺錢。

枕頭是個普及率一〇〇%的超成熟市場，也不是頻繁替換的日用品，但河元對枕頭抱持極大的希望，相信它有發展的可能性。

這句話完全體現河元的信念：「頭部占據人類最重要的位置，既然如此，我要打造一個可以透過枕頭確認顧客健康，成為工作後盾的生活基礎環境。」

杜拉克在《創新與創業精神》中提到：**「人唯有找出可以運用的方法並賦予經濟價值，任何事物才有成為資源的可能性。」**

楠惠與河元從在家吃飯、枕頭這些「普遍需求」中，發掘了新的可能性，為平凡無奇的既有事物賦予意義，開展事業。

認真看待「普遍需求」，從中找出「變化需求」展開事業，這一點可說

是獨立創業的魅力。

POINT

從平凡無奇的既有事物找出新價值。

Power UP!!

12 獨立創業要掌握「變化需求」

懂得解讀「變化需求」，就能讓它變成只有你才能做得到的「獨特化市場」。精準掌握「變化需求」不是一件簡單的事，但只要抱持著無論發生什麼事都要努力克服的決心堅持下去，就能夠創造其他公司無法模仿的最強優勢。

杜拉克在《二十一世紀的管理挑戰》中說過：**「變化是無法控制的；你能做的，就是比變化早一步。」**這句話可以幫助我們解讀變化需求。

意思是：你不能「引發變化」，但是你可以「察覺變化的徵兆」。接收大量資訊，注意眼前發生的事情和顧客反應，再從毫無系統可循的事物預測未來。我個人認為，杜拉克所說的「變化的徵兆」，就是實踐下列三點：

❶ **擁有捨棄的勇氣**

❷ **持續改善**

❸ **分析其他公司與自家公司的成功案例**

能否掌握「變化的徵兆」將扭轉事業的前景，接下來就為各位介紹最經典的範例。

在諮詢顧問公司工作的中村太一（神奈川縣），參與付費老人之家的營運後，決定獨立創業，投入照護用品的企劃與販售事業。經過不斷的研究，他開發出可以預防褥瘡的床墊。

這款床墊的功能性極佳，深受照護機構從業人員的好評，可惜一床要價十萬日圓，最後一床也沒賣出去，只能黯然退出市場。收掉公司的時候，中村身上背負了龐大債務。

後來是一件T恤讓他遇到了事業的轉機。在照護機構工作的照護員，每天都很忙碌，疲憊不堪。中村利用防褥瘡床墊的材質，為照護員做了T恤，

3-02

中村這樣解讀「變化需求」

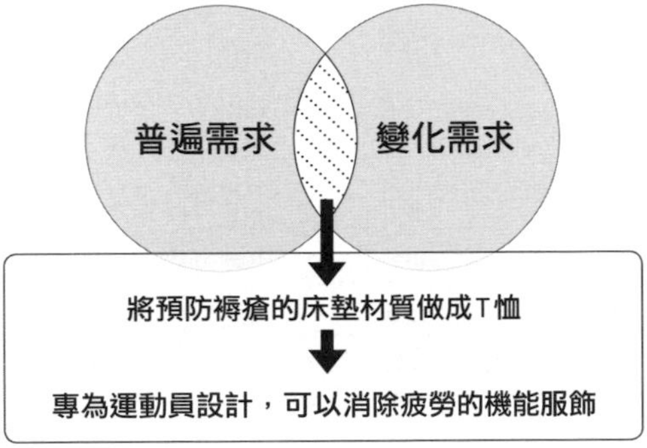

沒想到這款T恤吸引了國際連鎖健身房金牌健身俱樂部（Gold's Gym）的注意。雙方一拍即合，以「穿著就能消除疲勞」為理念，合作推出可以消除疲勞的機能服飾，一炮而紅。

運動員最大的願望是「睡一晚就能消除疲勞」，預防褥瘡床墊的技術正好符合運動員的需求。關鍵是：中村不執著於預防褥瘡床墊（捨棄的勇氣），轉向消除疲勞機能服飾的可能性（改善）。

中村的例子究竟是「幸運」，還是具有「創造性的模仿」，成功開創自己的事業？這個答案就交由各位評斷。但我必須說，適合獨立創業的心智，肯定屬於後者。

杜拉克在《成效管理》中提到：**「對企業與產業來說，看似具有威脅的新發展，其實潛藏了可能的機會。」這句話的意思是，當你感覺到具有威脅的變化，同時也產生了新的需求。**如果自家公司失敗，就問其他公司如何成功。中村從失意的深淵中復活，他的經驗教會了我們許多事。

POINT

「變化的徵兆」是機會所在。

Power UP!!

13 「傾聽他人煩惱」才能看見需求

商業嗅覺敏銳的人最能察覺需求，養成「需求察覺力」沒有捷徑，沒有魔法般的奇蹟。不只是工作，我們也要從日常生活各種情景中尋找需求，就像獵人鎖定獵物一樣。

怎麼做，才能找出需求？

最具代表性的方法，就是「傾聽他人煩惱」。諮詢內容不拘，若有人想找你聊自己的煩惱或有事情找你商量，只要不違背你的意願，都應該爽快答應。

通常「傾聽他人煩惱」，都是在自然狀況下發展而成的，但我們很容易認為「這麼做對自己沒有好處，無利可圖」，下意識地關上耳朵。若是家人親友想找你聊聊，不妨對他們的煩惱多一點關心，聽聽他們怎麼說。「傾聽他人煩惱」無須局限在自己擅長的專業領域，有時重點不在於你的專業技術，個性也是別人重視的特質。「願意聽別人說話」，也是很重要的需求。

我就是從「傾聽他人煩惱」發展出自己的事業，接下來為各位介紹我自己的例子。

我以前是創業家支援情報雜誌《Entre》的編輯，每天都要採訪創業家，經常聽創業家們提及自己的心願——「希望有一天能夠出書。」有些甚至還在採訪完幾天後，就將出版企劃書寄給我。我可以深刻感受到他們的想法，可惜當時我只有雜誌編輯經驗，從未製作過書。

於是，我想到我可以成為橋梁，為「想出書的人和出版社牽線」。換句話說，當我接收到有人想出書的「需求」，我就會撰寫企劃書，向出版社提案。若出版社採納提案，我就會在一旁協助作者寫稿，出書後一起思考行銷策略。我開始提供這一連串的服務之後，獲得超乎想像的熱烈迴響，後來工作量竟然比雜誌工作還要繁重。

許多由第三方帶來的具體需求，都有發展成事業的潛力。假設剛開始只有幾個諮詢案件，那可能只是冰山一角而已。水面下還有很多人「不知道該不該向別人傾訴煩惱」，或是「找不到可以傾訴的對象」。

就算不是親自處理的諮詢案件，也能從中發掘需求。舉例來說，新聞節目報導一則新聞，主題是「民眾轉貸諮詢的案件增加」，你可以根據這個事件，深入研究理由與背景，建立需求假設，這是一個不錯的方法。

關鍵在於「民眾轉貸諮詢的案件增加」這個事件，表現出來的只是表面現象——這個認知是讓你找出需求的第一步。接著，研究調查原因與發生背景，列出可能的選項，例如：你最先想到的是「擔心（未來）利息變高」、「擔心育兒前景」、「擔心退休生活」等。

下一步則是從原因和背景思考未來模樣，找出「解決方法是……。」最後，聯想到的關鍵字就是「延長雇用」與「終身工作」。

3-03

「傾聽他人煩惱」也是一種需求

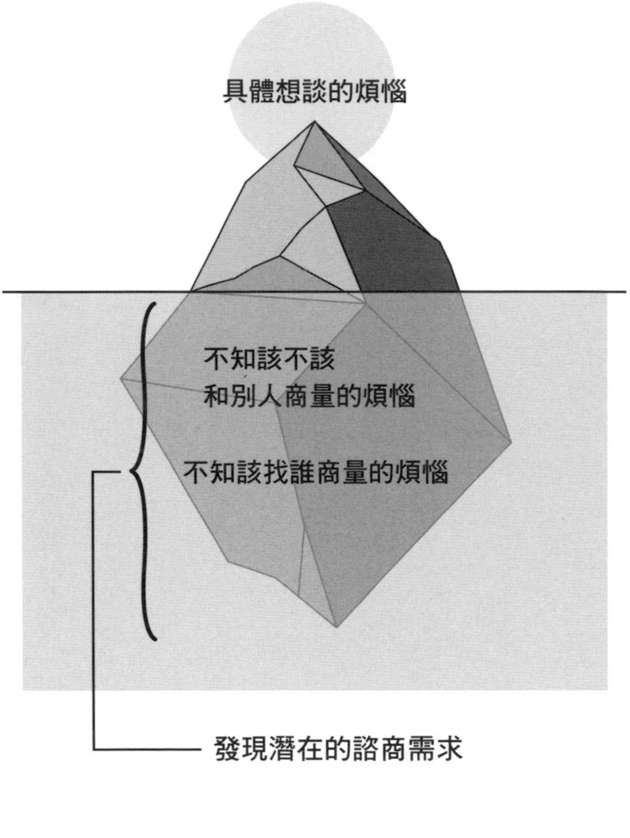

3-04

從新聞找到需求的方法

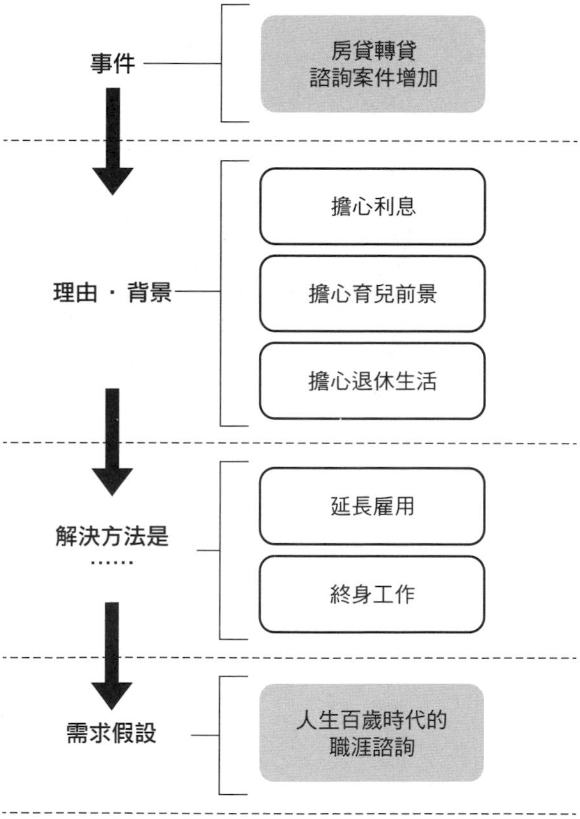

請將你的推理結果，與可以提供的服務或產品結合在一起，這就是你找到的「需求假設」。以剛剛舉的例子來說，房貸轉貸可能與「個人的職涯發展有密切關係」。接著，你要讓自己的強項與需求假設產生連結，你或許會發現「人生百歲時代的職涯諮詢」可能是未來最亟需解決的問題。

杜拉克在《彼得．杜拉克的管理聖經》（*The Practice of Management*）中提到：**「一定要問自己：『我們的事業是什麼？』」**

接下來要展開的事業，究竟隱藏著哪些可能性？即使沒有實際的討論與諮詢，也能發現需求的線索。回顧歷史，許多發展成大企業的公司，都是從察覺微小變化開始的。**各位絕對不要忘記，傾聽與諮詢是未來的發展契機。**

POINT

「讓別人找你傾訴心事」也是一種價值。

Power UP!! 14 人願意花錢處理哪些「麻煩事」？

稅理士的工作包括協助民眾計算複雜的稅金；弁理士（有關申請專利、註冊商標等手續的專業代辦人）的工作是準備專利申請相關文件，這些文件有時可能多達好幾百頁，彙整好文件後再向主管機關提出申請。從字面上來看，工作內容似乎都很單純，但絕對不簡單。說得明白一點，這些都是「麻煩事」，也是別人願意付錢請他們代辦的原因。**幫別人處理「麻煩事」，是可以賺錢的事業**。

宮本成人（群馬縣）的公司業務是專門幫高齡族群割草與修剪庭院樹枝，他創業的領域是為別人處理麻煩事。不過，他創業是在二〇〇九年，當時沒有付錢請人割草的習慣。由於這個緣故，創業的前幾年，宮本花了很大的工夫開發客戶，每天到處發傳單，才逐漸打開知名度。

第一年每個月只有十個案件，現在已經成長了十倍。後來他聘雇了有造園經驗的員工，正式跨足修剪庭院樹木的行業。有些修剪庭院的委託規模不大，一般專業的造園業者不願意接，於是宮本的公司在市場上確立了專門幫人處理小麻煩的造園專家地位。

宮本的接單範圍是以關越自動車道（高速公路）前橋交流道為中心半徑五公里內，服務對象鎖定「私人住宅」，這是其事業最大的特色。此外，基本費用為三千日圓，割草費用每一平方公尺一百日圓，修剪庭院樹木每棵一千日圓起，收費標準相當透明。由於業務規模不大，不會與傳統造園業者搶生意。如今，宮本的事業規模愈來愈大，致力於培養以割草為志向的同好「割草達人」，在日本全國十六個地方展開事業。

獨立創業很適合涉足像割草這類「不容易找到人做」的麻煩事，掃墓也是其中之一。由於現代人工作忙碌，很難抽出時間回家鄉掃墓，又擔心老家的墓沒人維護，或是覺得掃墓太勞累，想請人代勞。為了滿足這類需求，日本各地現在都有人提供「代客掃墓」的服務。

從這些例子，我們學到了一件事，那就是將「一定要有人做的事情」當成創業主軸。無論日常生活或商業場合，到處都有麻煩事或找不到別人代勞的事，各位不妨詳列「麻煩事清單」，平時有空就拿出來檢視，或許有一天你也能找到最適合自己的創業領域。

杜拉克在《創新與創業精神》中提到：**「成功的企業家無論創業目的是為了賺錢、增強實力、好奇心或名聲，都會創造價值、貢獻社會。這個目標相當遠大，光是修正或改善既有事物，是無法做到的。」**

代客割草與掃墓，都是過去不存在的事業，隨著時代變化，才變成一門有需求的生意。**你有什麼強項？可以滿足什麼需求？可以做出哪些貢獻？想要獨立創業，這些都是你隨時必須思考的問題。**請務必找到「麻煩事」與

3-05

鎖定傳統造園業者
難以跨足的市場

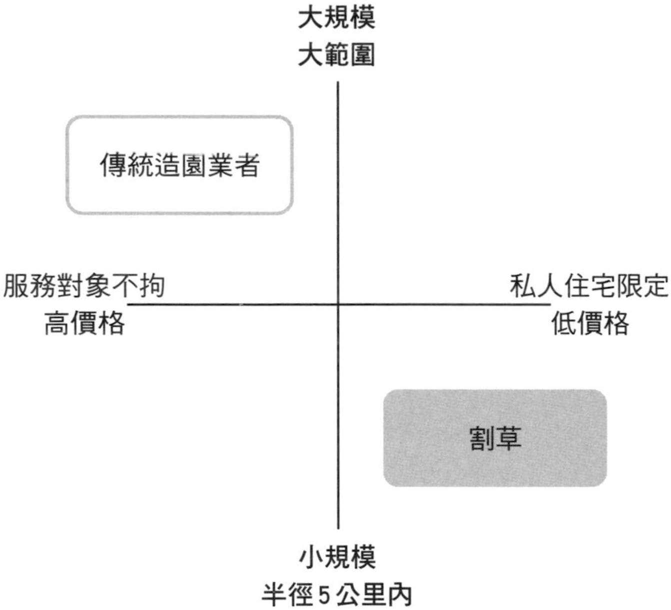

「需求」重疊，而且還能發揮你的「強項」的市場。

POINT

「不容易找到人做的事」，潛藏著未來的事業契機。

Power UP!!

15 無論何時，「特殊需求」都是事業契機

只要能夠滿足「特殊需求」，吸引特定客群，即使是一人創業也能夠賺大錢。所謂「特殊需求」，指的是對於沒有得到滿足（或沒有解決問題）的顧客來說，會產生極大困擾的問題。若能善用自身強項，滿足顧客的特殊需求，你就能成為市場獨一無二的專家。

前一篇介紹的「代客割草」，就是其中一例。如今，都市裡有庭院或空地的住宅較少，需要割草的人家不多。但如果任由雜草叢生，可能會影響周遭環境，對鄰居也會造成困擾。加上有些雜草長得跟人一樣高，也會影響日照，導致蚊蟲孳生。無論願不願意，都必須有人做才行。

這類「特殊需求」的量不大，未來很難發展成有規模的市場，也因為這個緣故，大企業與競爭對手很少插足，這是最大的好處。舉例來說，鋼琴調音師的服務對象十分有限，這是因應「特殊需求」衍生出來的工作，很適合一人創業。

接下來，我為各位介紹以「特殊需求」起家的創業家，各位看了就會知道，那是名符其實的「小眾」市場。

松崎順一（東京都）在二〇〇三年離開設計公司，開了一間「二手收錄音機」專賣店。他專門收藏昭和時期流行的收錄音機，在業界頗有名氣。創業後的幾年，業績遲遲無法增長，讓松崎十分苦惱。後來，千葉市兒童科學館要舉辦以電子裝置為主題的展覽，委託他處理展覽事宜。這項工作讓他聲名大噪，從此平步青雲。

在那之後，他的工作不再局限於店鋪經營，就連日本放送協會（NHK）晨間連續劇《大姊當家》、《雛鳥》等電視節目，也邀請他參與劇中家電的時代考證，或上節目演出。二〇一七年，松崎成立自己的收錄音機品牌「MY WAY」，推出新家電企劃。

松崎從事的所有工作，包括販售二手收錄音機、布展或擔任連續劇時代考證與審訂等，全都符合「特殊需求」的特性。**無論哪個時代，能夠滿足特殊需求的人都不多，因此只要受到肯定，工作邀約就會源源不絕。**

此外，隨著時代演進，特殊需求也會產生變化，若秉持「變化需求」×「特殊需求」的主軸持續精進，就能開創獨占市場的契機。

杜拉克在《成效管理》中提到：**「經濟成果與景氣好壞無關，都是由人創造的。」由此可知，無論景氣多麼糟，只要有明確的顧客需求，就不會受到景氣影響，發展事業的機會也不會消失。**

POINT

特殊需求能夠對抗「景氣低迷」。

Power UP!!

16

需求就在「同行不願意做的事」

尋找競爭程度較低的需求時，我建議各位從「同行不願意做的事」著手。

比方說：

- 創業做得還不錯，但接待顧客覺得很麻煩。
- 以投入的心力來算，根本不賺錢（太花時間）。
- 過去服務過的顧客回頭抱怨。
- 不符合接下來的時代潮流（需求減少）。
- 體力無法負荷（身心都是）。

這些都是情緒上「不想做」的理由，並不是無法創業的原因。大多數人

3-06

其他公司認為「不賺錢」的事業

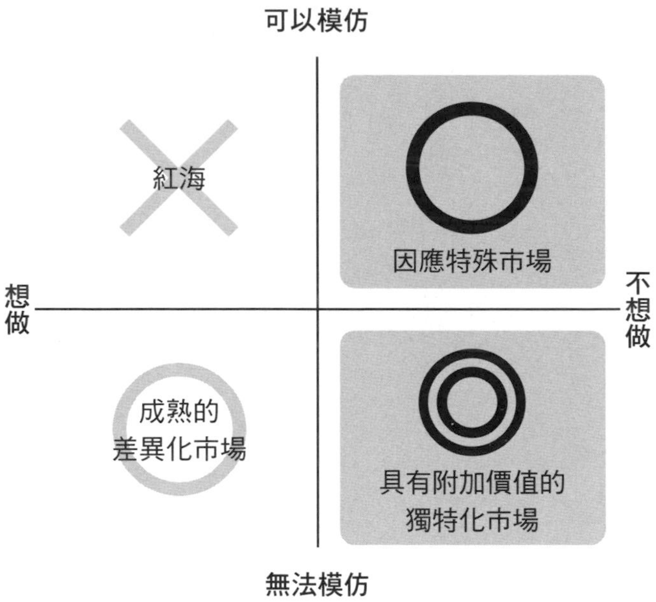

都「不想做」卻「必須要做」的事情，只要能夠克服門檻，就有一定的顧客需求。換句話說，只要有人認真看待，就能夠發展成事業。

基本上，沒有其他公司參與或其他公司無法進入的市場，不會產生價格戰。若能夠確實聆聽顧客需求、認真回應，即可產生信任關係，培養出忠實的支持者。這樣的關係，可說是獨立創業的理想型態。勇於嘗試其他公司不想做的事情，就能夠開創有機會獨占的市場。

有一點特別值得留意：乍看之下「好像不賺錢」才是重點，「默默賺錢」是最理想的狀態。雖說高調賺錢是創業迷人的滋味，但這會將自家公司的業務精髓暴露在其他公司的目光下，擁有充沛資金與豐富人才的大企業，很可能就會大張旗鼓地進入市場，奪走一切。**若能讓同業覺得這門生意無利可圖，還感佩你「願意投入如此辛苦的事業」，那就是最棒的情況。**

有些人不走康莊大道，選擇了乍看之下「好像不賺錢」的小路前進，接下來為各位介紹一個最佳的成功範例。

淺井和浩（東京都）是一個沒有實體魚鋪，從事賣魚生意的創業家，自稱「游牧魚屋」（魚屋：魚店之意）。他的業務內容相當多元，不僅教導一般民眾殺魚，也在婚宴上表演鮪魚解體秀，受到媒體注目。

淺井原本就在魚市場擔任仲介，之後進入東京都內，在販售水產品的商社工作。有一天，他到朋友家舉辦的私人派對表演殺魚，深受賓客歡迎。這個經驗讓他開始摸索，如何在沒有實體店面的情況下，展開賣魚事業。他的妻子有美在活動企劃公司工作，當時有美剛生完小孩，正在請產假。於是她發揮自己的長才，協助丈夫宣傳事業與行銷，一口氣拓展淺井的事業。

像淺井這種沒有店面的事業，流通金額太小，販售水產品的專業公司絕對不想插旗。在婚宴上表演解體秀，必須與婚宴會場經過無數次溝通才能正式上場，除了賣魚之外，還需要「溝通能力」與「周詳計畫」。

在淺井的業務內容中，占營業額比重最大的是以外國觀光客為主要客群的魚市場導覽，可說是淺井的事業根基。此外，淺井從事的不是傳統魚販工作，他會帶著當天採購的魚貨到顧客家裡、共享房屋或活動會場，當場殺魚。這項服務頗受顧客好評。有附加價值的服務和產品才能夠提高單價，也能夠受到一般消費者的青睞，這更是事業成功的重要原因。

淺井選擇的事業具有隱性需求，加上是「同業不想做的事情」，因此成為熱門話題。

杜拉克在《下一個社會》（*Managing in the Next Society*）中提到：**「對所有企業來說，最重要的資訊不是來自顧客，而是來自『非顧客』。唯有非顧客的世界才會產生變化。」**

杜拉克將具有顧客潛力的人稱為「非顧客」，他認為行銷的靈感在於非顧客。**不將重點放在看得見的顧客，而是找出現在還沒有人注意到的潛在非顧客，這也是一種開拓新市場的方式。**

POINT

「看似不賺錢」是邁向獨特化的關鍵。

Power UP!!

17 最理想的狀態，是杜拉克提倡的「創造顧客」概念

在獨立創業中，思考可以為顧客「提供何種價值？」，是經營者的工作。想要了解可以為顧客提供的價值，必須確實找出顧客有哪些需求。**滿足顯性需求很簡單，但要將「不知道顧客在哪裡」的事情當成事業發展，就必須「創造需求」。能夠實現這一點，就能夠「創造顧客」，這是杜拉克提倡的觀點。**

接下來為各位介紹，將表面上完全察覺不到的需求當成寶，開心發展新事業的成功範例。

青木水理（東京都）創造了以沉睡中的嬰兒為主角，搭配背景和小擺飾

一起拍照的「午睡藝術」。她生下第一個兒子，因為興趣而開始拍攝「午睡藝術」，將照片上傳至部落格後，受到全日本媽媽的喜愛。幾個月後，青木出版了《寶寶的午睡藝術》（赤ちゃんのおひるねアート）一書，還上電視節目接受訪問，報章雜誌也爭相報導，不只有人請她拍攝作品照，就連大企業也邀她拍攝活動照片。

二〇一三年，青木成立了「一般社團法人日本午睡藝術協會」，以「透過午睡藝術為全世界的媽媽和嬰兒帶來笑容」為使命，培育具有專業資格的認證講師，也為企業拍攝作品。

青木創業時只有自己一個人，如今旗下已有超過五百名講師，遍布日本各地。她的事業之所以能夠發展到這樣的規模，是因為她發掘出這些需求：「我想拍下寶寶現在的模樣，創造一輩子的回憶」；「我想學習拍照技巧，從事攝影工作」；「我想舉辦拍照活動，邀請媽媽們一起參加」等，與講師和顧客共創事業。

獨立創業為顧客提供價值的型態，大致可以分成三種。

第一種是「提供型價值」，指的是零售店、餐飲店、書籍等，一開始就決定好商品、菜單或內容的事業。簡單來說，這類事業型態的重點純粹在於「供應」，產品與服務可以大量生產，通常有許多大企業投入競爭。

第二種是「應對型價值」，指的是必須先聽顧客說話、再滿足需求的事業，美髮院就是最好的例子。按摩院也是如此，按摩師必須先聽顧客說出問題，像是「我的脖子和肩膀僵硬酸痛，希望可以按摩舒緩」，按摩師再針對部位提供服務，這就是「應對型價值」。大多數中小企業，都屬於應對型價值。

第三種則是「共創型價值」，就像「午睡藝術」，從零開發顧客，必須由供應方與顧客方一起出力做出貢獻，才能達成目標的事業。經營諮詢顧問必須由客戶親身實踐理論，才有附加價值，這也是典型的「共創型價值」模式。

各位在思考要研發哪些產品、提供什麼服務時，請務必綜合性地參考這三大價值創生模式。

3-07 獨立創業的三種「價值創生模式」

	提供型價值	應對型價值	共創型價值
特徵	一開始就決定好商品或菜單	聆聽並因應顧客需求	供應方與顧客方都必須做出貢獻才能達成目標
優點	事先準備好產品或服務，無須做任何變動	只要聆聽顧客需求，不必多費心力	雙方都出力，可提高彼此的滿意度
缺點	無法因應個案的緊急需求	每次都要花時間聆聽顧客的需求	沒有制式標準，必須耗費許多時間
代表事業種類	餐飲店	美髮院	經營諮詢顧問

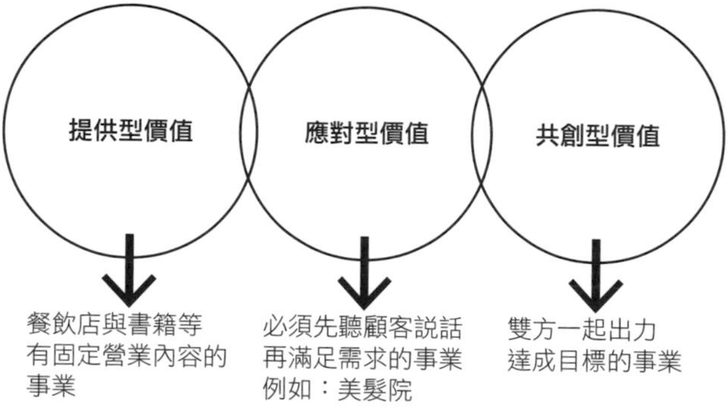

POINT

私人興趣也能發展成大事業。

Chapter 4

獨立創業
不陷入「競爭戰」
就能持續聰明賺錢

小眾戰略的目標，

是在限定領域達到實質獨占的境界。

小眾戰略對競爭免疫，

沒有對手來挑戰。

——《創新與創業精神》，杜拉克 著

Power UP!!

18 小也沒關係，要選「可以獨占的市場」

「戰略」要決定的是：以「什麼方式」（通路）提供「什麼」（商品）給「誰」（市場），獨立創業也不例外。說得極端一點，「選擇哪個市場」是事業成功與否的關鍵。

若是上班族，現在的工作不順利，還能跳槽換工作。一旦創業，若要喊卡或中途轉換經營方向，就必須具備一定的實力。總之，創業前一定要做好市場調查，審慎決定。

適合獨立創業的「市場」其實不難找，只要競爭對手與大企業無法進入，而且可以（可能）獨占的市場即可，即使市場規模很小也無所謂。

遵循三大步驟，就能找出可以獨占的市場。

❶盡可能細分市場

規模較大的市場必須與競爭對手共存，很容易陷入價格競爭。加上大企業也會加入競爭，因此獨立創業家很難倖存下來。各位請務必盡可能細分既有市場。

細分的標準不拘，可以按照顧客屬性，也可以鎖定商品與地區，任何要素都能成為標準。世界上有一種店叫「專賣店」，這就是將市場盡可能細分的商家。各位不妨趁機研究一下店東有什麼樣的背景，才會開設現在的專賣店。

❷選擇有機會獨占的市場

做好市場細分化之後，一一驗證是否值得開創事業。此時，請根據「發揮強項」與「因應變化需求」等標準進行評斷。「流行事物」總是吸引人，但也會引來其他公司加入，能否設定明確的差異點或設立門檻，就成為最重要的關鍵。

❸為選擇的市場取名

找到有機會獨占的市場之後，接下來要為市場取名。取了名字，就能打開「新市場」的知名度。

接下來，為各位介紹實踐這三大步驟的成功範例。

中嶌有希（東京都）是很活躍的帽子製作家，從小就接觸西洋裁縫，決定打造一個可以讓所有裁縫愛好者齊聚一堂的沙龍。中嶌的母親君子女士從事裁縫超過五十年，在君子女士的協助下，二〇一一年，她在京王線仙川站附近，開了一家附設咖啡館的洋裁店。

中嶌準備了超過二十台各種用途的縫紉機，顧客們可以趁著裁縫空檔，在咖啡區喝杯咖啡，休息一下。由於店家型態十分特別，滿足了不少顧客需求，甚至還有人慕名遠道而來，店家生意也蒸蒸日上。

剛創業時，一切都在摸索之中。中嶌發現，許多顧客並非想當專業裁縫師，只是「想學會縫直線」、「想縫一條抹布」而已，因此中嶌決定專心協助顧客完成自己想做的事。店裡面應有盡有，顧客不必準備任何東西，便利性也是顧客青睞的原因。如今，還會配合季節舉辦各種手作坊，受到媒體注目，逐漸發展成人氣店家。

事實上，裁縫與咖啡館都是很大的市場，結合兩者的「裁縫咖啡館」卻打造出從未見過的獨特市場。由於中嶌曾在咖啡館打工，加上從小接觸裁縫，充分發揮自己的強項，是她不可錯過的重點。更重要的是，她徹底找出顧客需求，臨機應變的經營方式，值得打算創業的人認真參考。

杜拉克在《成效管理》中提到：**「知道顧客與市場的人只有一個，就是顧客自己。」**做生意可說是推測顧客內心的想法，推出新產品與服務的行為，但是進一步探索實際需求更為重要。**千萬不要讓自己的事業淪為紙上談兵，發現客群之後，請務必積極接觸。**

POINT

成為新市場的「冠名父母」。

19 市場規模愈小愈好做

「市場規模」是獨立創業的重要指標之一，盡可能選擇小市場才是聰明的做法。

原因很簡單，大市場已經存在大企業等實力堅強的競爭對手，通常最後都會陷入激烈價格戰。基本上，大企業不會投入小市場，只要做好差異化，就不會產生削價競爭的問題。有鑑於此，一人創業時，市場規模愈小愈好做。

我所處的出版業，過去也曾創下超過兩兆日圓的市場規模，但在這二十年間，市場規模萎縮了四成，如今已成夕陽產業的代名詞。不過，我也沒有因此沒飯吃。

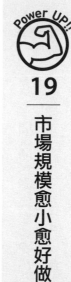

除了少數大企業，出版業可說是中小企業與微型企業的集合體。只要與自己想要的顧客打好關係，公司就能夠生存，事業也能夠永續經營。若老是以市場萎縮或景氣惡化為藉口，就會錯失珍貴的創業機會。

接下來，要介紹的是在小規模市場脫穎而出的範例。

中川啓次（東京都）原本是一名美髮師，後來跳槽到顧問公司，卻因為業績不好鬱鬱寡歡。後來發生東日本大地震，報章媒體上對於地震的報導，成為壓垮他的最後一根稻草。他覺得「像自己這種不受到感謝的人，沒資格活在這個世界上」，愈發討厭自己。

有一天，中川洗完澡，正想綁上「兜襠布」時，突然間靈機一動——若能製作居家休閒用的時尚兜襠布，一定很棒。於是，他向公司提出辭呈，成立了一間專門企劃與製造兜襠布的公司。以傳達兜襠布的舒適性與魅力的時尚兜襠布品牌「Sharefun」，就此誕生。

根據中川的說法，兜襠布市場規模只占內衣褲整體的〇・一%，大企業興趣缺缺很合理。如今，「兜襠布文化」已經消失在大部分日本人的日常生活中，中川決定將這樣的文化流傳後世，成立「日本兜襠布協會」。他還出版了《改變人生的兜襠布》（人生はふんどし1枚で変えられる）一書，許多媒體爭相報導，在日本掀起了一股「兜襠布風潮」。

雖然中川很開心日本社會再次接受兜襠布，卻也吸引了「兜襠布製造商」爭先恐後進入市場，這個現象讓他產生危機感，決定更新品牌。

後來，他鎖定「想追求優質睡眠的女性」，成立了新品牌。最初創業的時候，中川的顧客有九成都是男性，新品牌成立後，成功擄獲了女性顧客的心。兜襠布不使用鬆緊帶，沒有壓迫感，不妨礙睡眠，是最大的特色。中川只使用有機棉麻等天然材質，而且選在東日本大地震的受災區，也就是福島縣、岩手縣的沿海一帶製作，為自己的商品添加了製造者的「故事性」。

後來，中川停止在樂天與亞馬遜經營網店，只在自家官網販售商品，與其他公司做出差異化，建立了不會陷入價格戰的環境。

中川成功的因素，不只是著眼於小規模市場，他還從小規模市場細分出「兜襠布×時尚×女性」的特殊領域。只要乘號愈多，市場就會愈小。再加上「女性專用的時尚兜襠布」話題性十足，自然吸引眾多媒體爭相報導。

杜拉克在《成效管理》中提到：**「不只購買者，在哪裡買、為什麼買也是重要的經營觀點。」**大多數企業會認真考慮「誰」在「哪裡」買，卻很少全方位了解「購買原因」，鮮少深入探究這一點。

像「兜襠布」這類看似無用的商品，也能增添新價值、開創新市場，因此深入探究「購買原因」，有助於喚起新需求。

POINT

不以「市場萎縮」或「景氣惡化」為藉口。

Power UP!!

20 「賺錢機制」愈不明朗，競爭對手愈少

從中國移居海外的人稱為「華僑」，這些人都是做生意的專家，這一點無庸置疑。只要是華僑齊聚的地方，一定會聊到「如何賺錢」的話題。

大城太曾經師事某位在華僑社會中十分知名的人物，是唯一的日本弟子，憑藉「華僑作風」獨門絕學出版了許多著作。他表示，華僑的特色是「惦惦呷三碗公」，若過於顯眼，就會引起許多人覬覦，減損了做生意的趣味。

華僑不喜歡一家公司獨大，他們喜歡開好幾家公司，不讓其他人看清楚哪家公司做什麼生意，讓外人摸不清「賺錢機制」。

這個想法也很適合獨立創業。一個人開好幾家公司很辛苦，一家公司從

事好幾項業務卻是可行的。接下來，為各位介紹的成功範例，就是以這個方式創業，結果建立了大企業無法涉足的進入門檻。

原本在大型電機製造商擔任系統工程師的原正幸（東京都），曾經立志「在公司做到退休」。但有一天，他去參加了新創企業家的聚會活動，發現創業家並不特別，都是日常生活中隨處可見的普通人。他的想法改變後，立刻決定一人創業。

剛創業的時候，原正幸擔任企業進修課程的講師。隨著孩子出世，他決定開一間教導中小學生編寫電腦程式的教室。許多學生聽聞他的大名，特地遠道而來，公司規模逐漸擴大，如今還開設了網路學校。他發揮以前上班時學會的技術，開始接受其他公司的委託，協助他們開發系統。原正幸同時經營三項事業，讓公司愈來愈穩定。他經營的每項事業，都有顯性和隱性需求，而且都是他的強項，這是不可錯過的重點。

或許，從旁人的角度來看，沒人知道他的專業到底是什麼？但無所謂，擁有兩項以上的事業，打造「三支箭」般的堅強陣容，既可以分散風險，也能減少想要跨足相同事業的競爭對手，自然就能延續自己的事業生命。

杜拉克在《成效管理》中提到：**「專業化與多角化的平衡規範了事業範圍。」**杜拉克認為，「專業化」與「多角化」不是相反概念，而是可以共存的特質，這是其理論特徵。**學習專業技能需要努力，付出時間與成本。為了充分發揮所有成本的價值，最好的方式就是重複使用這些知識與技能，這就是杜拉克定義的「多角化」**。請各位務必記住，對於獨立創業來說，「多角化也很有用。」

POINT

「惦惦呷三碗公」，是獨立創業的精髓。

Power UP!!

21 從「處理起來感覺很繁瑣的事情」創造新商機

如果無法鎖定想做的特定市場，推薦你一個好方法：從你感興趣的事業中，寫下「處理起來感覺很繁瑣、很費心力」的項目，你很可能從中找到未來可以獨占的市場。

花很多時間與心力處理的事情真的很麻煩，相信各位如果看到在清晨或深夜工作的人，一定會覺得他們很辛苦。但是，換個角度想，聚焦在「花費心力＝麻煩」、「很繁瑣＝不想做」等人類的「情緒反應」上，就能成為開拓新市場的契機。

舉例來說，我在第三章介紹的「除草」，就是最典型的麻煩事。除草不像漏水，沒有急迫性，但自己做真的很辛苦又麻煩，於是才會出現由第三人代勞的新興市場。

最近也很盛行打掃、家事、海外匯款等各種代辦服務，最特別的是換購新手機時，還有人代為處理轉移手機應用程式，或是採購新電腦時，代為處理系統設定事宜等。這些繁瑣的事情，都有一定的代辦需求。

接下來，為各位介紹一個涉足「處理起來感覺很繁瑣」的事業領域，最後成功的範例。

谷和美（神奈川縣）原本在一家金融相關公司工作，她先生是一名職業的自由搏擊手，她一直幫先生設計縫製比賽用的拳擊褲，和上場前披在身上的披風。她完全靠自學，個性風格的設計受到外界注目，許多親友都希望也能夠擁有一件。

做了一陣子之後，她發現不少拳擊手需要有人幫他們縫製贊助商的LOGO，儘管事業要上軌道必須走一段辛苦的路，但她按部就班地在網站和部落格打廣告，收到來自全日本各地的迴響。如今，她不只幫自由搏擊手縫製LOGO，也承接各種格鬥技選手的服裝設計與縫製訂單。後來，谷和美辭去工作，獨立創業，成為「格鬥服一人製造商」，至今已經完成了兩千件訂製服。

選手的比賽服裝都是獨一無二的，不只是谷和美，選手也有自己的堅持，因此完成一件衣服必須花費許多心力。這是一份不容易做的工作，谷和美毫無雜念，細心耐心地完成每一筆訂單，贏得了選手的信賴。

谷和美的強項就是從自己的先生，也就是職業自由搏擊手聽到「使用者的真實心聲」。她國中時很喜歡去聽樂團演唱會，每次都會自己做特別的衣服，到現場感受演唱會的氣氛。這項過去的經驗讓她如虎添翼，她還善於使用網路，打造從接單到出貨一條龍的機制。

我們可以從谷和美的範例中學到，雖然褲子布料很便宜，但可以因應顧客需求設計，縫製出獨一無二的商品。**即使無法量產，也能創造出具有高附**

加價值的高單價商品。

誠如訂製服在服裝界與時尚界的代表性，**需要花費心力與時間從事的工作，蘊藏著開創新市場的可能性。**

杜拉克在《彼得・杜拉克的管理聖經》中提到：**「顧客是事業的基礎，是事業存在的支柱。只有顧客會創造需求。」**

為既有事物開發新用途，或是結合兩種以上的既有事物開發出新產品與服務、創造經濟效果（利益），就是「創新」。前述的共通點在於，最初都始於一項小小的「發現」。

> **POINT**
>
> 無法大量生產的商品也有價值。

Power UP!!

22

挑戰業界的「非常識」與「異常識」

為了滿足顧客需求開創的新事業，一定會遇到各種挑戰。挑戰需要「勇氣」，其中「顛覆業界常識」必須在企業與顧客已經有了信賴關係才能實現。**「顛覆業界常識」也是創造自家公司獨占市場的方法之一。「顛覆業界常識」有兩種方法：「挑戰業界的非常識」，以及「挑戰否定業界的異常識」。**

首先，請寫下你展開的事業有哪些「業界常識」，再盡可能想出與常識完全相反的「非常識」，和異於常識的「異常識」。

愈是歷史悠久的業界就有愈多常識，這些常識都是前人開創累積下來的，不少業界前輩也會受到常識束縛。

本書舉例好幾次的出版業也不例外，早在昭和時期以前，出版業就有許多常識與慣例。進一步聚焦於出版社和書店的關係，就會發現販售產品（書籍）的書店，是出版社最大的夥伴。兩者共存共榮，出版業才能成長茁壯。網路書店的市占率逐年擴大，但書店的性質依舊未變。總而言之，無論是網路或實體書店，都是出版社不可或缺的隊友。

接下來，我要為各位介紹有一家書店跳脫出版業的常識，開創了獨特的商業模式，走出自己的路。「DIRECT出版社」（DIRECT PUBLISHING）成立於二〇〇六年，這家出版社最大的特色是：只在「自家官網販售書籍」。

DIRECT出版社的主要業務是：將目前沒有日文版的海外商業書，翻譯成日文版並在自家官網販售。這些書無論是在實體書店或Amazon網路商店都沒有販售。由於DIRECT出版社是一家未上市的私人企業，外界無法得知詳細的財務狀況。不過，其經營模式是會員制，顧客只要每月支付二九八〇日圓的會費，就能成為會員。其販售的書籍，每一本都超過三千日圓。我可以由此判斷，DIRECT出版社的毛利率一定很高——話說回來，版權費、譯者費用與製作成本會影響毛利率，無法直接與其他出版社比較，這一點還請各位見諒。

我想請各位注意，DIRECT出版社採用的是，與書店密切往來的傳統出版社絕對不會採用的商業模式。如今，出版社在自家網站賣書並不稀奇，但通常都是「實體書店與網路書店」雙管齊下。簡單來說，只要與書店維持夥伴關係，從常識上判斷，出版社就算「不想在書店賣書」，也不可能做到。DIRECT出版社可說是挑戰「業界非常識」的典範。

不過，挑戰非常識是有風險的，可能會遭受同業的壓力或反對。我要建議各位挑戰「與現有常識不同（而且沒人做過）的事情」，就是所謂的「異常識」，顛覆程度還不到非常識那麼強烈。接下來的例子，就是不直接顛覆傳統，而是憑藉創意和工夫一決勝負的好案例。

曾在醫療機構顧問公司工作的伊藤誠一郎（東京都），十分擅長在客戶面前做簡報。他代表自家公司與其他公司競爭從來沒輸過，是享譽業界的超級業務員。

伊藤想走的路是簡報講師與顧問，但他剛創業的時候每天都門可羅雀，於是他決定將自己獨創的簡報理論統整成書，主題就是「巴士導遊簡報術」。坊間有許多簡報相關的書籍，伊藤的書獨樹一格，內容相當特別。

為什麼要選「巴士導遊」當作主角？根據伊藤的說法，巴士導遊解說的內容，包含所有簡報的必備要素。他發現，巴士導遊解說的都是「這次旅遊的目的地是哪裡？」（結論）、「一路上有什麼好玩的地方？」（論點）、「最後值得購買的伴手禮是什麼？」（令人印象深刻的觀點）等重點，因此他認為「巴士導遊是真正的簡報專家」。

伊藤巧妙融合自己的理論與巴士導遊的簡報理論，創造出「巴士導遊簡報術」。他向出版社提出企劃案，立刻受到採用，成功出書。書籍問世後，電視與廣播節目等媒體紛紛讚揚，認為伊藤的觀點十分獨特。公司行號也爭相邀約，開設員工進修課程，讓他如願以償，成為一名人氣講師。

伊藤從不同角度為簡報的常識增添特殊意義，開拓出新市場。雖說伊藤的企劃感覺像是靈機一動想出來的，但伊藤表示，他前後總共參加了好幾十次巴士旅行，研究巴士導遊的簡報技巧，才完成整個企劃。

杜拉克曾在《創新與創業精神》中提到：「**創新一定要鎖定焦點，簡單執行**」，還說：「**企業家要從體制上實踐創新。**」

就像我提出的論點與杜拉克的理論契合，伊藤將企劃焦點鎖定在「巴士導遊」，將簡單可行的內容建構成體制，突顯出獨特性。「**顛覆業界常識**」與**「沒人做」這兩大重點，對市場規模較小的一人創業來說，是最強的利基。**

POINT

機會藏在「常識的反面」。

Chapter 5

獨立創業
找到「理想顧客」
就能恬恬呷三碗公

顧客是誰？

在哪裡？

如何購買？

顧客重視什麼？

我們可以滿足顧客的哪些目的？

——《成效管理》，杜拉克 著

Power UP!!

23 你的「理想顧客」是何模樣？

獨立創業的重點在於釐清「誰是你的顧客？」

如果設定得太模糊，想要一網打盡所有客層，不僅不可能獲得成果、平白浪費時間，也不可能獲得多大的成就感。

不清楚目標客群在哪裡，只會讓自己備感壓力，精神上的折磨也是獨立創業的「成本」。你明明擁有選擇顧客的自由，卻一直與不合適的顧客周旋，這對你的精神健康有害。**獨立創業也跟人際關係一樣，「與誰往來」是很重要的。**

在思考你的客群之前，請先描繪你的「理想事業」。請參考下頁內容，將你心目中的理想事業統整在一張表格裡，就能精準找出最適合你的客群。

接下來，要介紹的是準確掌握「理想顧客」，擁有堅定核心理念的成功案例。

福本陽子（川崎市）原本在顧問公司工作，後來獨立創業，懷抱著「讓男性輕鬆做料理，讓更多女性綻放笑容」的心情，於二〇一〇年開設了專門收男性學員的料理教室。

不過，料理教室的第一堂課只有八名學員，福本不氣餒，堅信「未來一定會進入煮夫市場的時代」，於是腳踏實地地經營教室。第二年就有電視節目採訪介紹，一躍成為人氣教室。從此之後，福本收到許多食品相關企業的邀約，請她幫忙宣傳男性專屬的廚房用品，和專為男性研發的食品，還邀請她到公司行號演講。教室學員的另一半與家人都很感謝福本，不僅教室生意蒸蒸日上，福本也獲得許多精神上的支持。

5-01

理想事業的設計表格

事業名稱	將所有與事業有關的事情，全部統整在這張表格裡
事業目的	這項事業與社會的關係性、解決的課題、提供的價值等
三年後的目標	戰略目標利用數值轉化成具體可見、可以反推的目標
自家強項	建議不要寫實績，以「〇〇力」表現最好
目標市場	從細分化市場篩選出「可能獨占的市場」
目標顧客	鎖定符合目標市場的理想客群
顧客心願	觀察並推測顧客想要完成的事情、無法明言的內心動向
顧客現狀	顧客所處的環境、內心的不滿與課題等
他社商品的問題	顧客不滿意的理由、市場未成長的原因等
提供的價值	足以解決課題的功能價值、心理價值與經濟價值
提供的商品	最終可以提供哪些商品？商品名稱也不可馬虎

5-02

福本女士理想事業的設計表格

事業名稱	男性料理教室「Men's Kitchen」
事業目的	透過「家常料理」打造更多帥氣爸爸，讓愈來愈多家庭充滿笑容
三年後的目標	接受企業委託培訓講師，開展諮詢事業
自家強項	最大利器是在行銷公司工作的經驗 向世人提案新的生活型態
目標市場	對料理有興趣的男性，希望另一半做菜的女性
目標顧客	希望學會新技能，讓家人和另一半開心的男性
顧客心願	希望讓家人和另一半開心、希望人生更充實
顧客現狀	男性普遍不敢去以女性為主的料理教室
他社商品的問題	男性就算想學料理，也沒有可以學習的環境
提供的價值	料理技巧、溝通能力（現場氣氛）、學會做菜的自信
提供的商品	男性料理教室「Men's Kitchen」、親子料理教室「Papa's Kitchen」、員工進修料理教室、校外授課（活動）、諮詢顧問

※作者根據採訪內容取材製作表格

福本在料理教室這個市場中，以「男性」作為自己的目標客群，充分發揮過去在行銷公司工作的經驗，精準預測時代需求，可說是成功的主要因素。不僅如此，福本提供的不只是料理技術，她也很重視環境氣氛的營造，讓所有學員都能輕鬆溝通，建構了一個絕對讓顧客滿意的機制，這是我們要注意的重點。

目前這個時代，不僅男性想要做菜，想學習做菜的技巧；女性也希望另一半會做菜，讓自己輕鬆一點。正因為男女雙方都有需求，福本才會選擇男性專屬的料理教室，作為自己的創業項目。想要充分滿足顧客需求，一定要像福本這樣，不只抓住時代潮流，還要掌握顧客心理的時代背景。

杜拉克在《杜拉克精選：管理篇》中提及：**「企業必須問自己，今天提供的產品與服務，仍無法滿足消費者的哪項需求？」**顧客的心意與需求隨時都在改變，也會隨著時代變化，經營的本質就是以此為前提適時因應。就算成功了一次，也沒時間享受成果，**經營事業應隨時預測未來，持續追求流行。**

POINT

理想顧客來自於「理想事業」。

Power UP!!

24 誰能帶給你「最大利益」？

本書審訂者藤屋伸二老師創設的經營精修班「藤屋式小眾戰略塾」，在日本全國總共開了六家，其中一名負責人是在名古屋擁有八家髮廊的社長。我問他：「你經營髮廊時，最重視哪一點？」他立刻回答：「每位顧客每一年的消費額。」

單一顧客每年消費額愈高，就能為店家帶來愈多利潤，這個想法對獨立創業也很重要。**唯有找出「能帶給你最大利益的那個人」，才是永續經營、持續獲利的捷徑。**

下一頁介紹的圖表，可以幫助各位找出「能帶給你最大利益的那個人」。

5-03

帶來最大利益的顧客設計表格

自家強項	對方是否為亟需（或能運用）你的強項的顧客？
來店頻率	頻率愈高，店家提案的機會就愈多，結果就能增加每位顧客的消費額
續約機制	建立可以簽訂顧問契約或定期購買的機制，創造可預估的收入
提供速度	無論哪個時代，「快速交貨」都具有絕對的價值，可向顧客收取急件服務費
解決課題	盡快解決顧客問題，可讓顧客開心，讓對方成為支持者
非一般營業時間的客服	清晨、深夜與週末等非一般營業時間，若能服務顧客，可減少競爭、增加利潤
客製化服務	若能以高品質服務滿足顧客需求，就能避免顧客跑掉（顧客流失）
讓顧客成為粉絲	讓顧客變成鐵粉，就能長期以「自己希望的價格」做生意
商品品質	品質是確保顧客獲得滿足的條件，也是他們滿足的理由和企業實績不可或缺的要件

能夠「創造最大利益」的，不一定只有特定顧客才做得到，自身「強項」也能成為「創造最大利益的產品與服務」，獨立創業家若要強化事業，精準掌握這一點相當重要。

二〇一三年成立國際專利事務所的弁理士崎山博教（大阪市），過去在弁理士事務所工作時，就發現自己的工作效率比其他同仁高。由於這個緣故，他經手了許多工作，累積大量經驗與技術，並以此為武器，獨立創業。

崎山獨立創業時，仔細思考過自己的強項。他發現，通常需要一個多月製作的專利申請文件，自己可以在最短二十三小時完成。於是，他決定以「快速專利23」為名，儘管這個想法看起來有些衝動，加上收取的費用是其他同行的兩倍，沒想到每年竟然有好幾件委託案上門。

這項服務充分發揮吸引新客戶的敲門磚功用，不僅奧客殺價的情況變少了，崎山細心負責的態度，也讓客戶看見他的決心與可靠，成為旁人無法抗衡的業務武器。

隨著ＩＴ普及，各個業界的營業習慣產生劇變，申請專利的業界也不例外。過去，在這個行業，客戶擁有無上權力，崎山一直很質疑這一點。於是他主動出擊，吸引客戶注意，建構平等的合作關係，這也是他的目標之一。

杜拉克在《杜拉克精選：創新管理篇》（*The Essential Drucker on Technology*）中提到：**「新的流通管道改變了顧客的形貌，不僅改變顧客如何購買，也改變顧客購買什麼。」**這句話告訴我們，與充分理解我方提供價值的顧客往來，是很重要的一件事。

POINT

從各種指標找出「可帶來最大利益的顧客」。

Power UP!!

25 鎖定顧客就能釐清「品牌樣貌」

除了「市場規模愈小，愈容易成功」，「懂得鎖定顧客」更能夠突顯自己的「品牌」。

品牌有各種不同的定義，獨立創業的品牌，指的是「顧客知道你是誰的狀態」。簡單來說，就是「大家都知道你賣的是什麼。」商品（賣點）愈明確，顧客的印象就愈深刻。當顧客臨時需要，就會來找你。

前文介紹過經營「男性料理教室」的福本陽子，她就是放手去做，鎖定其他人未曾鎖定的客群，創業一年多後，就有媒體上門要求採訪。

媒體從業人員每天都在尋找採訪題材，你知道他們是如何篩選的嗎？答

案就是「創新性」、「事業獨特性」、「共鳴性（簡單明瞭）」。媒體爭相採訪福本不是偶然的機運，而是她具備這三大條件。

吸引媒體上門的三大條件，也是吸引顧客的磁石。

高田麻衣子（東京都）在二〇一四年，開設了以育兒媽媽為服務對象的共享辦公室「Maffice」。她從之前帶小孩的經驗，發現每天上班前將孩子帶到托育中心再到公司上班，下了班再去接小孩回家的生活真的很累。相信有許多媽媽也跟她一樣身心俱疲，快要撐不下去了，這是她決定創業的契機。

於是，她立刻展開市場調查，發現有不少女性在自己家裡創業，或是選擇在家工作，而且這種狀況將愈來愈普遍。最後，她決定開設「有保育士駐點的共享辦公室，讓媽媽可以安心工作。」為了創業，她開始向群眾募資，希望大眾支持她的夢想。結果，總共有八十四名支持者慷慨解囊，包括和她有相同境遇的人。

孩子、家庭、工作、自我，全都很重要。高田希望能夠協助媽媽們擁有全部，不要輕易放棄任何一方，這就是「Maffice」的理念與創業故事。

高田創業後，受到許多媽媽的支持，包括無法將小孩托給官方核可的托育機構、在家接案工作的媽媽，以及想和孩子在一起，卻因為想要考取證照或念書，也想保有個人時間的媽媽，會員人數成長得相當快。媒體邀約採訪時，高田積極應對，很快就建立「附設托育設施的共享辦公室」的品牌定位。不久之後，還有企業共襄盛舉，希望能與高田合作，成為高田的後盾。如今，「Maffice」已經成為日本內閣府管轄的企業主導型保育事業設施，在東京、橫濱、名古屋都有營業據點。

杜拉克在《成效管理》中提到：**「想在未來做出成果，必須具備勇氣、努力與信念。」**意思是，**只顧現在的工作，無法創造可以想像未來、充滿魅力的事業**。

杜拉克告訴我們，如果你有未來想要實現的願景，就要從現在這一刻付諸實行。為此，你必須真心希望實現願景，真心相信願景價值。請你自問：

你是否真心想要從事該項工作？是否真心想要經營該項事業？

請你自問：**你描繪的願景，是否能夠成功成為品牌？**

POINT

顧客的「看法」就是品牌。

Power UP!!

26 讓顧客「成為粉絲」，建立忠誠的消費制度

獨立創業必須擁有「對上門的顧客絕不輕易放手」的氣概。根據研究，吸引一名新顧客上門所花費的成本，是讓老顧客回頭消費的五倍。行銷產業甚至有「吸引顧客成本五比一原則」的教條，由此可見，爭取新顧客是很困難的事情。

怎麼做，才能做到「顧客上門絕不放手」？答案就是建立一套讓顧客上門就能成為忠實粉絲的消費制度。

設法讓顧客成為粉絲之前，先來複習為顧客提供的「價值」。**充分理解所有價值，並且提供適當的價值，顧客自然就會選擇永遠追隨你。**

「價值」分成「心理價值」、「功能價值」與「經濟價值」三種。

「心理價值」又稱為「情緒價值」，顧名思義，這是一種「看不見的價值」，例如：「你懂我」、「提供特別服務」、「感覺很舒服」等。「心理價值」沒有合理的理由，誠如「情感驅動經濟」這句格言，顧客的心理趨向也受到情感左右。忽視這一點便貿然創業，是很不智的行為，請務必找出你的產品或服務的「心理價值」。

「功能價值」是顧客在評估便利性、合理性等功能時產生的價值。「功能價值」就像商品規格一樣比較容易看見，但如果一味追求「功能價值」，就會陷入與其他公司競爭的狀況。可以盡力追求「功能價值」，但千萬不可過度依賴。

「經濟價值」指的是價格上的合理性或優勢性。價格比其他同業便宜，確實具有「經濟價值」，但若過度堅持這一點，就會落入價格競爭的陷阱。

獨立創業追求的不是「最便宜」，而是呼應其他的價值，主打「超值感」。

討論至此，心思敏銳的人應該已經體會到了，**想讓顧客成為忠實粉絲，最好的做法就是追求「心理價值」。提高「心理價值」，是持續經營事業的原動力。**

還有一件事也很重要，那就是必須建立一套顧客在成為粉絲後不會變心跑掉的機制。「顧客流失」有一個專門用語稱為「轉換」（switching）；簡單來說，就是要讓顧客知道，轉換到另一家公司也是要付出代價的，我將這套機制取名為「轉換高成本戰略」。

提高轉換成本最經典的範例，就是單眼相機與鏡頭之間的關係。一般來說，相機本體與鏡頭必須具有互換性才能使用，若要改用其他廠牌，不僅要花費龐大金錢，也會造成心理負擔。航空公司的里程累計會員制度，在本質上也是相同的。

獨立創業通常很少做到如此徹底，但在某種程度上可以做到會員制，或是簽訂長期契約，討論在簽約時先支付部分費用等細節。各位不妨留意四

5-04

具有代表性的心理價值

令人舒服的感覺	人會在下意識追求「舒服的感覺」，哪裡覺得自在就往哪裡去
細心體貼	並非銀貨兩訖就置之不理，做好售後服務是價值所在
懂顧客的心	彼此的理解愈深，愈能湧現感謝之情
開心有趣	無論哪個時代，人都喜歡待在開心有趣的地方，口碑也會爆棚
勇氣、自信	成為「給人勇氣與自信的給予者」，顧客就會變成你的忠實粉絲
安心感	建構讓心靈休息、放鬆警戒的地方與關係，就是無可比擬的價值
品質（滿足感）	品質＝滿足感，顧客想要的不是功能，是滿足的感覺
故事	共享產品與服務背後的「故事性」，產生共鳴
興奮感	「加入就有好事發生」的「期待」，就是興奮感的價值

周，若有可以參考的例子，嘗試加上自己的創意，充分發揮。

追求「心理價值」對於抓住顧客，建立完整機制也很有效。當顧客只能從你身上獲得某些「心理價值」，他們才可能選擇永遠追隨你。

POINT

徹底追求「心理價值」。

Power UP!!

27

找出同行沒做，卻能「讓顧客開心的事」

事業的本質是實現顧客心願、解決課題，提供滿足感。既然如此，我們要實現什麼樣的心願、解決什麼樣的課題，提供什麼樣的滿足感呢？無論是大企業或一人創業，都要思考這些事情，這可說是透過工作實現的「使命」。但我希望各位不要想得太困難，只要從「讓顧客開心的事」去思考，設法專注在這一點即可。

想讓顧客開心，大致上有兩種方法：第一是實現心願，第二是解決不滿與問題。

如果你即將展開新事業，不妨盡可能寫下顧客有什麼心願，目前面臨哪些

問題和不滿。書寫時，請你將焦點放在「有需求，但其他公司不做的事情」。

接下來，為各位介紹幾個範例，都是著眼於「有需求，但其他公司不做的事情」，進而創業成功的例子。

和田真由子曾在東京都內的大型出版社工作，二〇一六年成立了專為胸前豐滿的女性服務的服飾品牌「overE」，踏出創業的第一步。和田從學生時代就因為「胸前豐滿」感到自卑，一直找不到適合自己身材的衣服，無法享受時尚樂趣，這是她創業的原因。

現在，她每個月都會舉行一次「overE女子會」，邀請顧客參加，請她們任意發想、交換意見，運用在商品改良與開發上。她按部就班推廣品牌，許多消費者紛紛回應：「現有的罩衫和襯衫過於強調胸型，能夠找到適合自己身材的商品，真的太棒了！」

和田的服飾通常只在網路商店販售，但全國各地的百貨公司與時裝商場大樓，都來邀約開設期間限定商店。和田秉持著「穿上命中注定的時尚單品，抬頭挺胸活出自我」的理念，表示今後會繼續經營品牌，回應顧客需求。

在電腦與事務機器公司擔任業務員的忠裕之（埼玉縣），為了創業身兼數職。他在二〇一二年結束長達六年半的斜槓生活獨立創業，成為「寵物專用輪椅製造商」，正式投入自己開創的事業。

他之所以選擇這項事業，是因為他的愛犬罹患了椎間盤突出，下半身麻痺，他想幫愛犬找狗狗用輪椅，卻一直找不到。最後他不得已，只好以國外市售的大型犬專用輪椅為範本，做了一部狗狗專用輪椅。他的愛犬再次可以靠自己的雙腿行走活動，眼睛再次散發出光芒，就連食慾也像年輕時候一樣旺盛。愛犬的變化，讓忠裕之深受感動。

於是，他立刻在網路上公開自己做的狗狗輪椅，和他有相同煩惱的飼主，紛紛請他幫忙製作。不過，狗狗輪椅受到犬種影響，形狀、尺寸都不同，無法規格化，只能手工製作。儘管近年來有愈來愈多寵物輪椅工房，但由於無法量產的關係，大企業不會投入這個市場，形成了名符其實的獨占市場。

忠裕之的事業不只對寵物有益，還能讓飼主開心。他的顧客經常寫信感謝他，讓他得到了上班族時代無法獲得的充實感。

在開發產品與服務時，開發者必須想像「顧客需要這樣的產品與服務」才推出上市。若能從中得到靈感，本質上不會有太大的問題，但是做生意也沒有這麼簡單，這是不爭的事實。

針對胸前豐滿的女性推出服飾品牌的和田，創業至今每個月都會邀請顧客對話，了解顧客需求，藉此改良商品、尋找開發機會。想要了解顧客，唯有持續用心聆聽顧客的心聲。

專門製造寵物輪椅的忠裕之，由於愛犬也是狗狗輪椅的使用者，比誰都了解顧客心聲。直至今日，他依舊堅持手工製作每一部狗狗輪椅，聆聽飼主心聲。

這兩位都是很好的範例，告訴我們**「儘管過程繁複，但不怕麻煩，持續與顧客對話」是一人創業的成功關鍵。**

5-05

顧客願望與挖掘問題表單

願望與課題種類	其他公司在做的事	其他公司沒做的事
想瘦下來	營養指導、健身訓練、各種瘦身教材、販售營養輔助食品	?
想成為目光焦點	培育講師、YouTuber養成、影片編輯技巧	?
希望接觸大自然	鼓勵移居鄉下、辦公室綠化	?
希望多賺一點錢	投資不動產、海外投資、協助轉職	?
投幣式停車場客滿感到困擾	投幣式停車場不能預約	預約制停車場媒合網站
旅行時帶著行李箱移動很不方便	宅配（隔日送達）、計程車（價格昂貴）	從機場或轉運站將行李箱當天送達住宿地點
想帶著不能行走的小狗去散步	寵物輪椅	完全訂製的狗用輪椅
找不到適合胸前豐滿的女性穿的衣服	從國外進口衣服	開發適合上班時穿的襯衫、女用罩衫、西裝外套等

杜拉克在《創新與創業精神》中提到：「**創新是理論分析，也是知覺認知。實踐創新時，一定要走出去，多看、多問、多聽。**」顧客最清楚自己想要什麼產品與服務，事業主必須和顧客溝通才能得知，真可謂「隨時都在變化的活見識」。

POINT

所有的一切，都是為了「顧客的笑容」。

Power UP!!

28 「開發」與「維繫」顧客都要不惜成本

前文提過「開發新顧客的成本，是維繫老顧客的五倍」，但如果因此放棄開發新顧客，事業前景只會逐漸式微。

如果可能，不妨在創業前，建立一個可定期與「未來潛在顧客」接觸的機制，提高爭取新顧客的機會。同樣的，也要針對既有顧客下工夫，讓他們願意繼續留下來支持，這一點相當重要。

要怎麼做，才能遇見未來的潛在顧客？最簡單的方法就是：增加接觸的機會。儘管接觸互動是很重要的，但是時間有限，能做的事情其實不多。

我建議各位可以透過「定期宣傳」的方式，增加與潛在顧客接觸的機

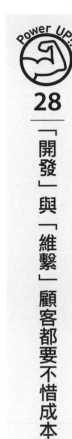

會。現今網路發達，對獨立創業家帶來極大的影響，事業主可以透過部落格或社群媒體宣傳，無須花費太多成本，做法也很簡單。

高橋真樹是一名善於透過網路吸引顧客的專家，主要據點在東京惠比壽。她從三年前正式使用YouTube，YouTube的成效與可能性讓她十分驚豔。她過去是一間網頁製作公司的老闆，每天都要面對客戶不合理的要求，還要接受無止境的比稿競爭，這樣的業界生態讓她感到難以適應。就在這個時候，她開始接觸YouTube。

她的YouTube頻道名為「高橋真樹頻道」，淺顯易懂。她透過YouTube影片，與大眾分享自己每天想的事情、介紹新商品，傳授網路集客的有用技巧等。慢慢的，有愈來愈多人訂閱她的頻道，不久就破六千人，二〇一九年底已經快逼近目標的一萬人。

高橋自稱「YouTuber社長」，不只工作上的一面，就連私生活的一面也都放在YouTube與大家分享。後來，她成立付費會員制的「高橋真樹塾」社

5-06

各種宣傳工具的資訊影響力與特徵

宣傳工具	影響力	特徵
部落格	★★★	進入門檻低，任何人都能做，最適合當成早期的宣傳工具
電子報	★★	基本上，成效與寄發數量呈正比，必須建立寄發清單的功能
臉書	★	基本上，若不投放廣告，無法讓訊息觸及朋友圈以外的人
推特	★★★★	可以針對不特定對象發送訊息，最適合當成招牌商品的品牌管理工具
YouTube	★★★★	今後情報蒐集的主流平台與主角，商業型YouTuber有愈來愈多的趨勢
LINE@	★★★	以販售商品為主的事業，今後一定要善用的工具 還能發揮集點制度的優點，值得一用
書籍	★★★★★	雖然出版書籍的難度較高，但具有卓越的社會影響力

群，訂閱YouTube頻道的網友從日本各地加入。

YouTube頻道的宣傳效果，也有助於她的本業，亦即網路集客的顧問事業。不少看她頻道的老闆向她諮詢，她每個月舉辦數次座談會，也因為YouTube頻道的關係，報名參加的學員愈來愈多，這些人都成為她的諮商客戶，或是委託她幫忙製作公司網頁。過去她經營事業時，必須先報價或經過多次解說，客戶才會下單，過程相當辛苦。高橋表示：「自從我開始在YouTube頻道上傳影片之後，和客戶溝通的過程變得更順利了。」

高橋認為：「製作影片貴在堅持，腳踏實地去做，才是最重要的。」聽說她直到影片數量超過一百五十支，才開始有客戶上門洽詢。訂閱數超過一千人之後，整個世界都變了。

谷厚志在旅行預約公司的客服中心擔任主管時，就已經想要獨立創業，成為一名研修講師和演講者。

他最大的擔憂是「不曉得辭去工作之後，是否能夠找到客戶。」他想到過去上班時已經做好出書的準備，打算出書吸引客戶上門。

谷厚志以前曾經想過要當搞笑藝人，培養了出眾的說話技巧。此外，他的工作是處理客訴，必須面對怒氣沖沖的消費者，讓他們平靜下來，他培養出「讓投訴的顧客變成忠實消費者的技能」。

準備出書的過程十分辛苦，好幾次他都想要放棄。幸好，他的編輯對他很有信心，始終在背後支持他，終於推出了第一本書《憤怒的顧客才是神！讓投訴客變成忠實消費者的三十種方法》（「怒るお客様」こそ、神様です！クレーム客をお得意様に変える30の方法）。

書籍出版時，谷厚志也歡天喜地地創業。一切如他所願，從創業的第一年，就有許多公司邀請他開設內部進修課程、演講或提供諮詢服務。

想要透過網站公布什麼訊息，全依個人的想法；但書籍是經過出版社編輯和企劃的評估，有出版社信用保證的產品，對社會的影響力自然比較大。

杜拉克在《成效管理》中提到：**「建構未來第一件要做的事，不是明天**

要做什麼，而是決定今天做什麼，才能創造明天。」

我們無法控制世界的趨勢與顧客的心意，但我們總是可以用心察覺，留意變化的徵兆。認真思考「現在該做什麼」，這很重要。

高橋與谷厚志都為了未來努力傳達訊息，後來也都得到了自己想要的成果。

商場上有所謂「先發優勢」（First-mover Advantage），率先察覺變化徵兆並付諸行動，就能獲得優勢。獨立創業家沒有任何既有包袱，最適合取得先發優勢。

POINT

定期發送資訊，培養潛在顧客。

Chapter 6

獨立創業
要「經營社群」
開心賺錢

女童軍讓當志工的
家庭主婦變少了。
對職業婦女來說，
從事志工可以
讓自己和小孩開心生活，
是幫助小孩開心成長的大好機會。

——《創新與創業精神》，杜拉克 著

Power UP!!

29

以自己為主體打造「集客園地」

「連結」是獨立創業的重要資產，創業家不只要以協力者的身分互相幫助，連結的對象也會成為精神支柱。

產生連結最有效的方法，就是創造擁有相同價值觀和志向的夥伴聚集在一起的「社群」（歸處）。近年來，各大社群媒體都有許多粉絲團，各位不妨找一個適合自己的加入看看！

加入粉絲團後，不要只和管理員互動，也要和其他成員交流，激盪出火花，建立良好關係。

想要找到適合自己的社群，不妨先想像「自己想要打造什麼樣的園地」，當你有了具體概念，就更容易從現有社群找出適合自己的。

當你決定打造以自己為主體的社群時，可以自行決定走向與規則。接下來，我要分享自己的經驗，我曾在經營社群時犯過錯。

我經營的會員制經營塾「藤屋式小眾戰略塾・銀座塾」，在二〇一七年二月開張時，只有三名學員。剛開始的第一年走得跌跌撞撞，找不到自己的路。全日本總共有六間藤屋式小眾戰略塾，有一次我去拜訪其中一間，由我的好友塾長經營。造訪後，我突然覺得豁然開朗，領悟到一件事：「我應該充分展現自己的特色。」

我認真思考，我想要經營什麼樣的園地？當時，我腦中浮現「基地營」的概念。

「基地營」指的是攀登高山時，給登山隊休息整隊的基地。每個月都有公司老闆加入戰略塾，在彼此學習交流的過程中，接受各種激盪，再回到自家公司，下個月再來上課，不斷重複相同過程。從這一點來看，我的角色就像基地營一樣，從旁協助支援那些攻頂的登山家，打造一個溫馨的園地等他們回來。我希望自己成為基地營，而且我一定做得到。

就這樣，「專為勇於挑戰的經營者成立的基地營」，便成為銀座塾的經營理念。社群營造的「現場氣氛」，讓所有學員更勇於在課堂上提問作答，提出的想法也有更多人腦力激盪。不僅如此，課堂後的聚會也產生更多話題，學員們都樂於交流。我們的聚會時間是每個月最後一個週二，長期下來，我清楚感受到，每個人的視野都打開了。

不久，加入的學員愈來愈多。不瞞各位，剛開始開班的時候，我沒什麼自信，所以每個月的授課費只收一半，後來決定調回原價，學員們也很爽快答應。最讓我開心的是，之前離開的學員們又回來了，他們跟我說：「腦力激盪真的很重要！」

我深深感受到，因為相同目的齊聚一堂、互相腦力激盪的夥伴們產生的連結，是社群最大的魅力所在，也是寶貴的資產。

各位可能認為，打造社群需要冠冕堂皇的理念，其實有些社群是從一杯咖啡誕生的。

原本在東京都知名咖啡館工作的咖啡師種村拓哉，從東京前往福岡，在陌生的城市創業，成立「seed village」咖啡站。這是一家「站著喝咖啡」的咖啡館，四坪的店內空間只能容納七名顧客。儘管如此，依舊高朋滿座，每天都有常客來喝咖啡，包括學生、家庭客群與銀髮族。

種村從全世界的咖啡產地嚴選咖啡豆，自己烘焙，販售至日本各地。費盡心力經營自己的店，希望打造一個友善鄰里的聚會環境，因此晨間咖啡最低一杯只要一百日圓。

透過「咖啡」這個媒介，店裡頭聚集了不同世代、性別與國籍的男女老少。大家原本都是陌生人，卻在這裡形成了新社群。每個月最後一個週五，咖啡館會營業到晚上九點，舉辦聚會活動。

店裡的社群沒有特定目的，而是以店長種村為核心，每天做一些新嘗試，逐漸成長茁壯。最讓種村感動的是，「看到常客們彼此連結互動的感覺，真的很幸福！」讓群體成員「產生連結」，可說是經營社群的原點。

杜拉克在《成效管理》中提到：**「事業的定義界定了供給應該滿足的市場，以及應該保持領先的領域。」**杜拉克的話寓意很深，這句話的重點是「定義事業是很重要的」。「定義事業」就是決定「將什麼樣的產品與服務，以何種形式提供給誰。」我在前面提過自己如何思考銀座塾的社群經營理念，重新出發之後，順利突破原本的經營困境。

各位不妨藉著適當機會，定義屬於你的「理想社群」吧！

POINT

「人與人之間的連結」，是獨立創業最寶貴的資產。

Power UP!! 30

連鎖效應：社群的熱情粉絲會帶來更多粉絲

社群的魅力之一就是「呼朋引伴」。若能引發連鎖效應，社群就會日漸茁壯，成員之間的關係也會愈來愈熟。

我在第五章說明了讓顧客成為粉絲的好處。參與社群的成員只要繼續留在社群，見面的機會必然增加，變成「忠實粉絲」的可能性也會提高。剛開始大家還不熟，舉辦茶會或讀書會難免有些生澀，只要能夠持續下去，就能夠提升社群意識。

讓社群成員一起參與，讓所有人都有表現自我的機會，是社群成長不可或缺的要素。

多部田憲彥（神奈川縣）從大型汽車商離職後，在二〇一八年成立了「一般社團法人日本圖解協會」。多部田上班時最擅長製作圖解，決定發揮自身長才，定期舉辦座談會或讀書會，教大家利用圖解解決問題。二〇一〇年剛開始創立協會時，活動地點主要在首都圈，隨著口碑相傳，愈來愈多人提出邀約，到其他縣市舉辦活動的機會愈來愈多。多部田不只提供社群成員學習圖解技巧的機會，還透過「圖解祭」來表現，這是他經營社群的特色。多部田這麼做是希望「透過圖表加深彼此的了解，找到同伴，提供共創合作的機會。」

透過口耳相傳，多部田的社群給人的印象是「透過圖解結緣的歡樂活動」，逐漸打開知名度。長期下來，社群裡的協力者被稱為「圖解應援團」，日本各地的核心成員也被任命為「應援團長」。多部田勤勉踏實地展開協會活動，到了二〇一九年八月，日本圖解協會已在日本有三十個據點，海外設有一處據點，成員超過一一〇〇人，成長為頗具規模的社群。多部田每天都

6-01

日本圖解協會社群支援圖

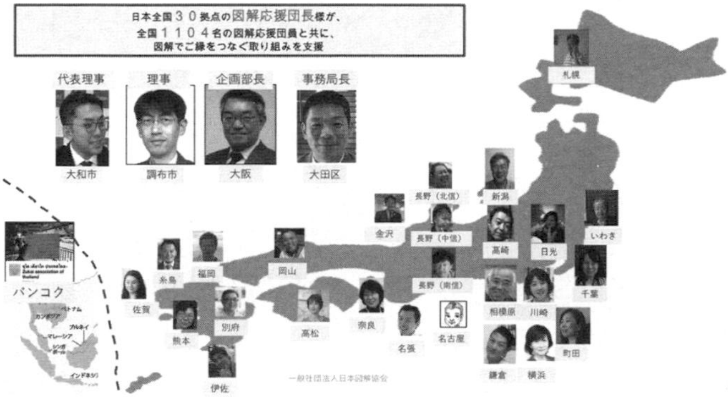

透過網路和許多人交流。

長達七年腳踏實地的工作，多部田終於看到成果。二〇一八年成立法人協會時，他更新了社群的經營理念，提出「從競爭邁入共創的時代，圖解溝通，透過圖解結緣」的理念。許多人深受感動、共襄盛舉，來自企業和大學的各種邀約也與日俱增。

多部田具有特殊的吸引力與向心力，能夠團結身邊的人，但剛開始經營社群時，他並不具備這樣的能力。或許是因為他能夠洞察機先，主動改變人生態度，為他帶來了開拓自我未來的勇氣與行動力。這就是社群的真實樣貌，也是獨立創業的精髓。

杜拉克在《杜拉克精選：管理篇》中提到：**「想在未來開創什麼，不需要創造力，也不需要天才技能，而是樸實工作。」**這句話的意思是，將**「想要實現的事業」當成「工作」去做，平凡人也能夠創造、開展出色的事業。**

POINT

培養粉絲最大的關鍵在於「理念熱度」。

31 社群是創造每月收益的「庫存型商業模式」

即使規模很小，若能打造自己的社群，社群成員都是你的「理想顧客」，也是「最強應援團」。社群可讓事業主同時擁有兩者，是最大的魅力所在。等社群進入成長軌道，會產生維持與經營社群的費用，此時不妨將部分內容設為付費服務。只要平時與社群成員維持良好關係，一定有完全理解你的做法的粉絲。

只要成功推出付費服務，就開啟了「庫存型商業模式」。所謂「庫存型商業模式」，就像健身房會費或手機資費，只要簽一次約，每個月都有固定收入進帳。社群可以運用相同概念，利用付費訂閱制，實現「庫存型商業模式」。

這對業務能力有限的一人創業家來說，特別具有重大意義。**說得極端一點，一人創業家是否能夠成功，完全取決於可以打造幾個「庫存型商業模式」。**

「扣款方式」是與「庫存型商業模式」息息相關的課題，過去一人創業很難突破這一點，近年來已經獲得極大改善。以前只有定期從銀行帳戶「自動扣款」的選項，如今電子支付蓬勃發展，不只PayPal與note，還有各式各樣的金融支援與會員支援服務。

科技進步，獨立創業家所處的環境也持續進化。現在也流行「網路沙龍」，指的是志同道合的夥伴在網路上聚會的社群。主要使用臉書（Facebook）的功能建構，幾乎都是付費社群。便宜的每個月只須支付幾百日圓，貴的有些超過一萬日圓。此外，定期寄送的付費電子報，也是「庫存型商業模式」的代表商品之一。

我經營的「藤屋式小眾戰略塾・銀座塾」，也是一種以社群為主軸的「庫存型商業模式」。嚴格來說，我每個月只開一次課，不算是真正的庫存型商品，但獲得的回饋相當充裕。

有些企業會委託講師開設在職進修課程，但幾乎沒有企業會與講師簽訂年度合作契約，大多都是「合作一次就結束了」。當然，有些企業到了第二年，會繼續邀請去年合作過的講師開課，但這種「火耕型商業模式」，使得講師們必須不斷尋找下一個工作機會。

不過，在我經營的銀座塾，塾生只要入塾就是終身會員，合約永久有效，除非塾生自行解約，主動畢業。如果塾生因故無法前來上課，我們也會提供課程概要、影片或音檔給對方，或者視情況增減上課內容等。這個做法方便我從會員人數預估每個月會有多少收入，不必為了招募學員備感壓力。

我在前文提過，我剛開始經營銀座塾的時候，只有三名塾生，如今塾生人數不少於十人，每個月差不多在十到十五人之間。最重要的是，我與塾生互相支持、彼此打氣，這一點可說是銀座塾最大的功用。

杜拉克在《杜拉克精選：個人篇》中提到：**「面對工作或他人，若能將**

焦點放在自己能夠做出的貢獻，就能擁有良好的人際關係。」

這句話在我看來，就是「社群不是小團體」。每位成員為了實現夢想或達成目標，能為彼此帶來什麼貢獻才是重點，有時也需要勇於指出彼此的疏漏或錯誤。唯有重視「連結」的社群，才能培養如此坦然的信賴關係。像一般公司那樣的垂直型組織，不大可能做到。

POINT

透過社群，擺脫「火耕型商業模式」。

Power UP!!

32 不是誰都能當天王天后，因此要「販售價值」

經營社群會面臨一個很難突破的問題，那就是「沒有領導魅力的人，要如何訴求社群價值？」

有些人天生就是「偶像」，具有領導魅力，但不是人人都能成為天王天后。如果你剛好不是天王天后型的，那該怎麼辦？**只要維持領導者的立場，將焦點放在「社群價值」即可。**

你經營社群是為了誰？加入你的社群會有什麼好處？可以解決哪些問題？讓你擁有什麼樣的心情？請各位用簡單一句話回答這些問題。

這些不只是社群的價值表現，也是獨立創業展開事業的關鍵。總而言

6-02

參考：藤屋式小眾戰略塾・銀座塾三大魅力與宣傳標語

心理價值	與夥伴互相激盪、交流。 超越聚會框架的「會後會」，拉近彼此距離！
功能價值	每個月依照塾生狀況增減課題。 往建立「穩定賺錢機制」邁進！
經濟價值	只要支付兩萬日圓就能擁有持續學習經營的環境與夥伴！
宣傳標語	專為勇於挑戰的經營者成立的基地營

之，「你的賣點是什麼？」，回溯你的初心，就能顯現價值。

祕訣在於第五章介紹過的三種價值：「心理價值」、「功能價值」與「經濟價值」。**這三種價值都很重要，但像獨立創業這種追求獨特性的主體，主打「心理價值」的效果最好。**原因很簡單，別人比較容易模仿「功能價值」與「經濟價值」，「心理價值」不是那麼容易觸及到本質。

我在經營社群就是參考上頁圖表，以三大價值為基礎，想出宣傳標語。

杜拉克在《杜拉克精選：創新管理篇》中提到：**「各位要知道，秩序是動態變化。」**無論社群或所處環境都有生命力，會不斷地進化與演變。進化與演變不一定都是好事，有時也會產生不好的結果。**面對已經完成進化與演變的事物，我們一定要將它視為秩序（支配自然與社會的原理、法則性）的一部分，敞開心胸接受。**

但是，也不用因此讓自己隨時處於被動地位。從我介紹的理論和範例可以得知，我們可以主動引發進化與演變，讓事業朝著我們希望的方向發展。

POINT

將社群的價值化為語言文字。

Chapter 7

獨立創業
要「懂得説故事」
賺錢

顧客的功用、

顧客真正購買的商品、

顧客的現況，

從顧客價值展開的事物，

就是行銷的一切。

——《創新與創業精神》，杜拉克 著

33 不擅長銷售的人最需要「故事」

在前面各章，我將重點放在獨立創業的事業重點，搭配杜拉克的名言和理論，介紹知名獨立創業家的成功範例。最後，我要告訴各位的重點是「故事」。

各位聽到「故事」，首先聯想到什麼？

以淺顯易懂的方式闡述事業魅力是基本原則，但偶爾借助「故事的力量」效果更好。各位不妨趁著這個機會，了解故事的魅力、學會建構故事的方法，闡述專屬於你的創業故事。

關於獨立創業的故事，我的定義是：

- **理想顧客的成功故事**
- **可以打動理想顧客的小情節**

各位可以隨心所欲設計故事情節、巧妙運用，創造出更為豐富充實的獨立創業生活。

故事最能夠發揮力量，我以「現場」來形容。**不是單純說明事業或商品內容，提議完就結束了，加入故事，顧客的反應會更加熱烈。故事說得好，就能讓顧客感受到「心理價值」**。

具體舉例之前，我先說明幾項透過故事宣傳事業魅力的好處。

- **突顯外界尚未察覺的強項**
- **大幅提升簽約率（營業效率）**
- **擺脫價格競爭**
- **培養熱情粉絲**
- **建構可持續賺錢的機制**

- **降低離職率，強化員工投入度**
- **對事業產生使命感**

接下來，為各位介紹如何運用「故事」逆轉人生的成功範例。

原本在大型建設公司擔任業務的菊原智明，老是無法簽下客戶，就連潛在客戶看到他也一臉不耐煩的樣子，讓他每天都很氣餒。他連續七年業績低迷，墜落人生谷底。他天性內向怕生，不擅長向客戶推銷，偏偏他的公司鼓勵業務從事類似體育社團那種熱血的推銷方式，讓他很不能適應。他回想起當時的情況說道：「我們跑業務的方式，只會給客戶帶來困擾。」

後來，他遇到轉機。有一次，他製作一份《蓋房子的客戶後悔集》，作為公司內部的參考資料。裡面彙整了許多資訊，提供未來打算蓋房子的客戶參考。

菊原打算「定期帶著這份資料去拜訪客戶」，立刻付諸行動。差不多在他發完第三期的時候，他開始接到客戶的諮詢，這件事改變了他的「業務觀念」。提供客戶有用的資訊，就能獲得對方的回應。光是客戶不再給他白眼、要他別再來了，就足以讓他開心到飛起來。

過去，菊原一年最多只簽下四個客戶，如今回頭看才發現，竟然已經連續八個月都成交了，而且連續四年穩居業務王的寶座，成為頂尖金牌業務。值得一提的是，菊原靈活運用了與客戶建立信任關係的「拜訪信」、獲得客戶反應的「回應信」、讓客戶決定購買的「成交信」與故事，將經營客戶的過程分成三個階段，建立了「適合所有人的業務機制」。

後來，他決定「幫助和過去的自己有著相同煩惱的業務」，獨立創業，成為一名業務顧問。他以業務和公司老闆為對象，舉辦座談會、開設進修課程，出版了超過五十本業務書，還向大學生開班傳授「業務祕訣」，活躍於各個領域。

前面介紹過利用故事宣傳事業的好處，其實菊原的故事也有好幾個，仔細分析後，發現其中含有這幾項要素：

- （業績低迷時期）常有的故事
- 將「不擅長的事情」變成「自己的長處」
- 坦承失敗經驗
- 商品開發的祕辛
- 特化提供的價值
- 全力以赴解決「社會課題」

這裡有個重點，那就是連續七年業績低迷的業務，公開自己的「失敗經驗」。如果菊原愛面子，只想擺出一副「我是優秀業務」的樣子，就不會在書中或演講時分享自己的「失敗經驗」，最後也不可能成為一位貨真價實的頂尖業務。

大方分享自己的經驗，可以大幅縮短與顧客之間的距離。客戶對於菊原的個性更感興趣了，進一步被他的故事吸引。

杜拉克在《創新與創業精神》中提到：**「創新的機會不會像暴風雨來得**

快、去得快，而是像微風一樣緩緩地來、悠悠地去。」意思是生活中到處都是創新的機會，但一般人很難察覺。要察覺到微風的存在，必須磨練自己的敏感度，隨時注意感受，提升「心理價值」。**能從顧客的眼光具體編譯自身變化，這就是故事的真正意義。**

POINT

有效的故事，可以逆轉人生。

Power UP!! 34

「剖析失敗經驗的心路歷程」，是你最強大的武器

前一篇介紹過的業務顧問菊原智明，之前在建設公司工作時有一段慘痛經驗，老是無法簽下客戶，就連潛在客戶看到他也一臉不耐煩的樣子，讓他每天都很氣餒。這段期間長達七年，他陷入人生谷底。

為什麼菊原要刻意將這段痛苦的歷程公開出來？

如果菊原如今還是一名業績很差的業務，或許他會將自己的缺點隱藏起來，絕對不說出口。但他製作了一份《蓋房子的客戶後悔集》，並將這份文件當成銷售利器，一躍成為頂尖金牌業務。之後，他更將業務歷程分成三個階段，建構出一套其他業務都適用的業務理論，這也是我希望大家注意的重點。

菊原下定決心，告訴自己：「我絕對不要再回到那個時候。」他擁有不可動搖的自信，得以告別過去那個「業績低迷的自己」。

這類「剖析失敗經驗的心路歷程」，是你最強大的武器。原因很簡單，幾乎沒人會犯同樣的錯誤，每個人的失敗經驗都不一樣，從中學得的教訓也不同。也就是說，你通常能從別人身上學到寶貴的教訓。

不過，你無須在還沒做好心理準備的情況下，草率公開自己的失敗經驗。只要你好好面對自己，領悟到「我已經準備好了！」，「剖析失敗經驗的心路歷程」，將會是你獨一無二的最強大武器。

接下來，還有另一個例子，也是將失敗經驗變成事業的轉機。

在札幌市擔任經營顧問的大本佳典，曾經因為幫公司擔任貸款保證人，後來公司經營不善，不得不賣出長年居住的房子還債，有過一段艱辛的歷程。那筆借款金額高達一億七千萬日圓，實在不是個人償還得起的金額，加上原本工作的公司倒閉，大本失去了自己的工作。

後來，大本因為國家政策得以免除債務，她獨立創業，成為一名經營顧問，卻無法很快地面對現狀、重新振作。她每個月看著存摺嘆息，告訴自己：「一定要設法改變現狀……。」她開始出席異業交流會，花時間經營社群媒體、上網宣傳，無奈工作邀約依舊很少。她沒有什麼可以商量的對象，每天都很煩惱。

兩年後，她遇到轉機。有一次，大本參加「藤屋式小眾戰略塾」札幌會場的活動，藤屋老師親自傳授：「若以北海道為營業據點，請務必將主力商品放在札幌以外的座談會。」由於北海道幅員遼闊，移動距離很長，其他講師覺得不划算，所以通常都不願意到札幌以外的地方工作。藤屋老師希望她積極經營札幌市以外的地區。

大本付諸行動之後，很快就獲得回報。她去北海道的工商會與各機關團體拜訪，主打獨特的宣傳標語：「有實績又能配合客戶預算的講師」，深深吸引客戶。第一年，她就接下十一場講習會，第二年增加到二十五場，第三年五十五場，第四年一百一十一場，發展得極為順利。同時，也有愈來愈多人請她擔任經營顧問。

直到工作穩定之後，大本才終於能夠面對過去。

「我終於可以理解，倒閉公司的老闆都是獨自承受著痛苦，往往不知如何是好，無法做出正確判斷。要是當時的我，可以好好傾聽老闆的煩惱，或許公司就不會倒閉了。我真的做得不好。」她打從心底感到懊悔。

她將這一連串的體驗和領悟當成利器，決定站出來，成為一位幫助別人防範失敗於未然的經營顧問，在社長身旁提供支援，讓經營者不會感到孤單。她希望能夠幫助公司老闆做出正確決定，讓老闆和員工感到幸福。最重要的是，她不希望再有其他人陷入和自己過去一樣的遭遇，她相信她的使命就是減少同樣的悲劇發生。

大本後來將自己從痛苦的過去到現在發生的所有事情與心情變化，整理成一份特殊的「故事文件」。只要第一次見面的公司老闆就給一份，也在網站上公開發表。她和公司老闆開會時，也坦然分享自己的心路歷程，建立平等談話的機制。

杜拉克曾在《彼得・杜拉克的管理聖經》中提到：**「沒有其他事比幫助別人成長，更能讓自己成長的了。」**

即使乍看之下超乎邏輯的事情，一定也會有人理解，這些行為來自於「想為人們與社會貢獻」的單純理念。**相信這一點，持續去做，就能夠改變世界。請踏出與世界接軌的重要一步。**

POINT

坦然說出失敗的勇氣，能夠打動顧客的心。

Power UP!!

35
「逆轉勝的故事」最令人感動

各位聽過「墊底辣妹」嗎？二〇一三年出版的暢銷書《後段班辣妹應屆考上慶應大學的故事》（学年ビリのギャルが1年で偏差値を40上げて慶應大学に現役合格した話），由於「墊底辣妹」的角色引起讀者共鳴，創下單行本與特別文庫版銷量總計突破一百萬本的好成績。二〇一五年還改編成電影，上映十一天就創下百萬次觀影人數，再次掀起討論話題。

這本書講述的是一位就讀高中二年級的女學生，夏季全國模擬考的偏差值，只有相當於小學四年級的學力，卻在補習班老師坪田信貴（也是該書作者）利用心理學理論輔導下，喚醒女主角的拚勁，最後應屆考上一流學府慶應大學。

這部作品最大的特色，就在書名《後段班辣妹應屆考上慶應大學的故事》。這是將「不可能變成可能」（從「不會到會」）的奇蹟，令人深有所感。人的成長過程都是充滿感動的，但是落差必須夠大，像「墊底辣妹」那樣，才能激發更大的迴響。如果是「父母都是東大畢業生的小孩考上東京大學」這種故事，一點也不吸引人。

我曾經有幸採訪有「橄欖球先生」美譽的前日本橄欖球國家代表隊總教練平尾誠二先生（已故），他說過最令我印象深刻的一句話就是：「運動最大的魅力，在於將自己不會的事情練到會。」我們之所以熱衷於體育賽事，是因為那些承受辛苦練習，為了贏得勝利或刷新紀錄的選手英姿令我們感動。

個人故事也是一樣。承認自己有不擅長（做不到）的事情，坦率公開「自己的心路歷程」，這是令人感動的泉源，也是打動顧客的關鍵，是引人入勝的故事必須具備的要素。

接下來要為各位介紹的，是將自己克服各種困難艱險的人生說成故事，吸引眾多支持者的範例。

在靜岡縣經營重度障礙者日間照護機構的池谷直士，一出生就被診斷罹患「脊髓性肌肉萎縮症」，這是一種無法醫治的罕見疾病。當時醫生宣告他只有「五年的壽命」，儘管他罹患了這種重度障礙的罕見疾病，依舊不向命運低頭，克服重重困難，現在已經成為一名成功的創業家。他從二十五、六歲到三十五歲之間，都在家無所事事，最後他決定當一名心理諮商師。許多人聽聞他的遭遇，紛紛向他約診，工作逐漸上了軌道。但是，池谷不滿足於現狀，決定開創新事業。後來，他開了一間專門服務重度障礙者的日間照護機構，幫助那些和自己一樣罹患罕見疾病的病友。

剛開始，有許多工作人員和支持者，都是抱著「身障者不放棄自己，我也要付出一己之力」的心情前來幫忙。但池谷發現「自己的初衷和他們有所落差」，決定更換所有工作人員，提高錄取標準，嚴選出「無論如何都想一起工作」的員工。做出改變之後，事業蒸蒸日上。

當池谷決定興建新的公司大樓時，背負了將近一億日圓的貸款，感受到更深刻的責任感與使命。二〇一八年，他出版了《這麼想能讓人更努力》（こう考えれば、もう少しがんばれる）一書，打響日本全國知名度，演講邀約應接不暇。如今，他還致力於培養諮商師，完全沒有時間休息。

池谷最大的特色，就是建立可以吸引支持者的機制。他透過部落格、電子報和書籍，主動發表與傳達各種資訊和訊息，認同的人可以透過這個機制回應。據說，有些支持者見到池谷的時候，甚至感動到淚流滿面。他比那些四肢健全、身體健康的人更投入於工作，這樣的態度根本讓人超越感動的層級，躍升至「無限敬佩」的程度。

杜拉克在《管理新境》（*The Frontiers Of Management*）中提到：「**明天是那些無名英雄在今天打造完成的。**」這告訴我們，**無論境遇如何，堅持相信自己的人，一定會遇到機會。即使遭遇苦難，當你成功克服，就能擁有新的故事。**

POINT

成長故事的落差愈大，感染力愈強。

36

不需要行銷策略?! 因為「真心相信、源自需求」的驚人力量

如果用一句話來統整本書想要傳達的概念，那就是「掌握顧客需求，發揮自身強項，開發出可以獨占的市場。」「從顧客觀點出發的行銷策略」確實可以做到這一點，但有時沒有經過精心設計的故事威力更強。

簡單來說，就是順從直覺和慾望，專心致志往前走。以商品為例，就是「不管有沒有需求，因為我想要，所以我要做」的堅定立場。這樣的想法，蘊藏著精心策劃的行銷策略所欠缺的「熱情」。透過熱情抓住顧客的心，就是沒有策略的策略，也是「故事」的精髓。

當然，如果抱持著輕率的態度隨便做一做，一定會失敗；但如果打從心

底相信，就值得一試。

在接下來介紹的範例中，主角抱持熱情，走在相信自己的道路上，最後開拓出前所未有的市場。

木津一郎（東京都）曾在大型電信公司工作，是個貨真價實的貓奴。他當時住在有個小庭院的兩層樓聯排式房子裡，附近的貓都會來他的院子玩耍，他十分喜歡那個空間。

有一天，木津救了一隻兩眼結滿眼屎的小貓，暫時將小貓安置在家裡。那隻小貓的媽媽經常過來探望小孩，於是木津也決定收留貓媽媽。沒想到，發生了一件大事：貓媽媽在木津家生小貓了！不過，有個嚴重問題，木津住的房子禁止養寵物。

加上剛出生的三隻小貓在內，木津在「禁止養寵物」的房子裡照顧五隻貓，這是十分大膽的決定。

後來，他決定「親自蓋一棟可以和貓一起住的房子」，就這樣發想出

「貓奴親手打造！專為貓奴與貓咪打造的貓咪專用公寓」計畫。

由於這個美麗的意外，木津變成公寓房東，為了那些想和貓一起生活的人，從零打造貓咪專用公寓。由於許多貓奴很難找到理想的房子，木津的公寓受到貓奴們的熱烈支持。

如今，「貓與貓奴的舒適住家」租賃服務已經擴及日本全國，木津轉型成為「貓咪專用公寓」的監製與顧問。他在各大媒體撰寫文章、演講，開發貓咪相關的商品和網路服務，跨足領域愈來愈廣。

杜拉克在《管理大師彼得・杜拉克最重要的經典套書》中提到：**「創新一定要將重點放在市場。將焦點放在製品上的創新，或許能夠開發出新技術，但不會有新的成長。」**

木津打造的「貓咪專用公寓」計畫，來自極為私人的需求。在租屋市場飽和的狀態下，可以飼養寵物的居住物件相當少，貓咪專用物件更是趨近於零。由於這個緣故，木津這個「因為我想要才做」的動機，反而成為「將重點放在市場需求的服務」。

杜拉克說過：**「絕大多數成功的創新都很平凡。」**許多人看到成功的創新，會驚覺「為什麼這麼簡單的事情，我以前都沒發現？」**正因為許多人「需要」，才會成為最強創新。**不說理，而是設法打動人心，這是獨立創業家不可或缺的成功要件。

POINT

不輸給任何人的「熱情」，能讓顧客狂熱追隨。

Power UP!!

37 光是呼喊「改變世界！」，就能夠召集粉絲

你是否曾經想過自己能夠改變世界？

認為自己不可能改變世界的人，不妨試著大喊「我能夠改變世界！」看看。當然，如果光說不練，不過是《狼來了》故事裡的少年，但只要在你的事業戰略中，明訂「目標對象」、「具體的產品或服務」、「採用什麼樣的方式」等細節，改變世界並非不可能的任務。

所謂「改變世界」，並非「開拓全球市場」，而是秉持信念默默投入眼前的事業，打開通往世界的道路。宣揚、推廣你的意志，讓你的事業逐漸成長，吸引更多支持者到你的身邊。

或許剛開始只是一小步，接下來要介紹的例子，是提升志向與眼光後，獲得超乎想像的人氣支持的絕佳案例。

喜歡吃炸雞塊到瘋狂程度的安久鐵兵（やすひさてっぺい／東京都），在二〇〇八年成立了「日本炸雞協會」。這個協會的主要目的是「透過炸雞塊實現世界和平」，協會網站如此寫道：

「日本炸雞協會」自詡為專為喜愛炸雞塊的人們所成立的團體，同時是透過炸雞塊實現世界和平的團體。

那是因為吃炸雞塊的人，很自然會產生笑容，完全不會生氣或與人爭執。若是全世界的人類同時吃炸雞塊，會發生什麼事？

是的，全世界都會圍繞在笑容之中，或許只有一瞬間，但那是沒有紛爭、沒有戰爭的和平世界。

「日本炸雞協會」無時無刻不在想像著這樣的世界。

為了實現世界和平，我們首先要在有炸雞塊文化的日本，讓所有日本

人好好了解炸雞塊，感受到炸雞塊的存在，讓所有日本人都知道炸雞塊的美味與無限力量。當我們能夠做到這一點，和平就會率先在日本降臨。

接著，再將這樣的理念，從亞洲推廣至全世界，我們絕對能夠實現世界和平。

向世界宣揚日本最引以為豪的炸雞塊，讓「唐揚げ」成為飛向世界的國際食物。

當我們成功做到這一點，炸雞塊就能夠改變世界。

炸雞塊是蘊藏著改變世界可能性的食物。

這就是炸雞塊。

擔任協會代表的安久，雖然在學生時代曾經有過創業經驗，但是工作發展得並不順利。於是，他利用閒暇開始將興趣當成新事業，投注心力在「日本炸雞協會」。我想，協會剛開始成立時，他身旁的親友應該搞不清楚他是在說笑還是認真的。

如今，日本炸雞協會已經成立超過十年，會員突破十萬人，在世界各國都成立了分會，一步步往原本的目標「透過炸雞塊實現世界和平」邁進。

日本炸雞協會十分重視可以增加炸雞塊愛好者的活動，這也是安久的事業的最大特徵。該協會不收會費，因此絞盡腦汁、使出渾身解數，與製粉公司、冷凍食品公司等大企業合作，協助開發一系列與炸雞塊有關的產品，同時建構吸引贊助商的制度，可在舉辦活動時輕鬆找到經費來源。

除了少部分的人聽到「日本炸雞協會」會想要一探究竟，或是想要了解「日本炸雞協會」如何實現世界和平的人，相信大多數的人在協會剛成立時聽聞都會一頭霧水。冷靜想想，這種情況其實十分容易理解。

安久的心中有一份創業地圖，他能在創業時，將腦中的想法化為具體計畫。他不僅擁有超乎常人的精力，還擁有遠大的願景。雖說如此，不曉得他是否預測到自己會如此成功？

杜拉克將創業家自己未曾預測到的成果，稱為「預期外的成功」，在

《創新與創業精神》中闡述善用「預期外的成功」經驗有多重要。他說：**「預期外的成功最能成為創新機會，但預期外的成功通常都會遭到忽視；更糟的是，大多數的人會否定它的存在。」**

成功並非偶然，秉持信念往前走，就能夠敲開成功的大門。

精準分析「成功的原因」，就能創造下一次的成功。**即使你的事業發展得很順利，若很容易對現狀感到滿足，你的發展也就僅止於此。**

POINT

「預期外的成功」打開通往世界的大門。

Power UP!!

38 挑戰「解決社會課題」，也容易打動顧客的心

「貧困」、「人口減少」、「空屋」、「食物浪費」、「高齡駕駛」、「接班人不足」……。

邁入二十一世紀已經過了二十年，全世界如今都存在許多亟需解決的問題。最後要介紹的故事戰略，就是透過「勇於面對社會課題的態度」，達到喚醒人們共鳴的結果。

基於「捨我其誰」的使命感處理社會議題的行為，最能夠感動人。如果你即將展開的事業包含解決社會問題，那麼你將踏出「改變世界的一步」。「任務」可說是「今生應達成的使命」，是要花費終身執行的企劃。在某

些狀況下，你執行的任務會形成風潮，創造勢不可當的趨勢。

接下來要介紹的例子，就是將自己的「任務」（解決社會問題）轉型成事業的成功範例。

村木真紀（大阪市）從京都大學畢業後，前後任職於大型製造商、外資顧問公司，二〇一三年成立了協助ＬＧＢＴ（同性戀、雙性戀與跨性別者）營造友善職場的非營利組織。

村木在承認自己是ＬＧＢＴ一員之前，每次只要覺得職場環境對自己不友善就會辭職，轉換跑道。後來她決定改變現狀，以「打造讓ＬＧＢＴ安心工作的友善職場」為主題四處演講，發現日本有許多人和她有一樣的煩惱。此外，她也發現日本企業的內規，並沒有明確規定不能觸及與性向有關的事情，因此即使當事人受到歧視言語的對待，也無法向公司申訴，這是很嚴重的問題。為了解決這樣的問題，她成立了非營利組織「彩虹多樣化」，以代表性的彩虹為主視覺圖案。

村木想要完成的「任務」，是打造ＬＧＢＴ族群不再受到不當貶抑，可獲得公平對待，與身邊的人齊心協力，關注ＬＧＢＴ族群的身心健康，讓ＬＧＢＴ族群得以神采奕奕發揮自身力量的社會。認同的人都成為她的支持者，一起推廣活動。

身為ＬＧＢＴ一員，村木善用自己的實際感受，發揮顧問的經驗，針對ＬＧＢＴ與職場進行相關調查，從事演講活動。她的行動受到日本社會的廣泛好評，榮獲谷歌全球影響力挑戰賽（Google Impact Challenge）、二〇一六年日經年度女性變革者獎的肯定。

近幾年，全球對於ＬＧＢＴ議題和外籍勞工在內的異文化理解需求日漸高漲，企業和社會也開始展現包容的態度，不少機關行號紛紛向村木提出演講邀約，或是洽詢顧問服務。

杜拉克在《彼得・杜拉克非營利組織的管理聖經》（*Managing the Non-Profit Organization*）中提到：**「你應該思考的是你的任務究竟是什麼？任務的**

價值，帶來正確的行動。」獨立創業的夢想要大、志向要高，盡力達成重要角色的職責，這就是杜拉克所謂的「任務」。要注意的是，訂定的任務與自身的存在同等重要，不要只將任務單純視為計畫，要以行動為本位。

最後，我想問各位一個問題：你的「任務」是什麼？

POINT

「任務」就是「人生企劃」。

審訂者結語

接受現實，一一修正

藤屋伸二

杜拉克在《每日遇見杜拉克：世紀管理大師366篇智慧精選》（*The Daily Drucker*）中曾說：「事業不是由公司名稱、地位或規章來定義，而是經由顧客獲得滿足的需求來定義，這是企業的使命與目的。」意思是：自家的事業是由自家的顧客來決定。

企業絕對不能有「顧客一定想要這種商品」的想法，企業最重要的不是解讀顧客的心，而是為了向顧客問出答案，直接到現場去，仔細觀察顧客，傾聽顧客說話，提出問題。

鎖定目標顧客，始終是企業最重要的課題，因此必須時常聆聽顧客心聲。除了仔細觀察顧客，傾聽顧客說話、提出問題，還要仔細觀察「非顧客」（Non-customer，應是公司的目標客群，卻還不是公司顧客的人），傾聽非顧客說話、提出問題。

從未購買過自家公司產品或服務的人絕對比較多，考慮到這個事實，由「非顧客」引發市場變化的機率確實比較高。

一言以蔽之，就是要不只將顧客需求當成客觀事實，就連非顧客需求也必須當成客觀事實看待。

創業階段還有一件更重要的事情，那就是「非預期的成功」。所謂「非預期的成功」，就是「不在預期之內的顧客購買自家商品」，以及「顧客買了自家商品後，以意想不到的方式使用。」這代表顧客幫助企業看見自己從未發現的生意機會。

相反的，「非預期的失敗」也是市場給的重要警訊，代表自家公司設想的事業「不過是自己一廂情願罷了。」

請坦然接受所有現實，一一修正，才能讓事業成功圓滿。請各位務必參考本書，勤奮努力，讓自己走上創業的成功之路。

作者結語

絕大多數成功的創新都很平凡，你可以創造只有你才能累積的資產

感謝各位讀到最後一頁，本書若能對正在摸索創業機會的人帶來啟發，是作者最大的榮幸。

這篇將是我與各位分享的最後幾頁，考量到這一點，不禁反覆思考該跟各位說些什麼？幾經流轉，我決定在最後跟各位說說「創新」這件事。

杜拉克在《創新與創業精神》中曾說：「絕大多數成功的創新都很平凡」，這句話總是帶給我很多的勇氣。

我們總是習慣探索新技術，也很容易追隨時下流行，這句話可以幫助我們想起「自己的初衷」。

天田幸宏

不知道各位是否曾經收過壽司店送的茶杯組？年輕人可能不知道，以前壽司店送的茶杯相當厚實，杯身會寫上大大的「鮃」（扁口魚）、「鯖」（青花魚）、「鰊」（鯡魚）等魚名。

剛收到的時候覺得很新奇，所以拿出來使用，久了之後發現杯子很重，日常使用其實很不方便。如果就這樣拿去丟掉，杯子就變成一般的不可燃垃圾，但有一天你突然想到，杯子其實可以拿來當成「筷架」或「筆筒」，自己「發明」出新的用法。

這就是「創新」。不是「使用新技術」才叫「創新」，為茶杯這類自古以來就有的日用品創造新價值也是創新，請各位千萬不要忘記這一點。創新不必是特殊事物，可以是深植在日常生活中的平凡事。

時代趨勢與顧客需求現在都變化得相當快速，很少有單一事業可以持續數十年。但杜拉克的理論與名言，無論在哪個時代或地區，無論事業規模大小，全都適用。

企業的目的是基於一般人的普遍心理，持續開展符合顧客需求的事業。只要能夠做到這一點，即使是一人創業獨自努力，也能開創出受到消費者長年喜愛的事業。「創新」是任何人都能做到的事，透過事業，你可以創造只有你才能累積的資產。這就是我想藉由本書，對各位說的話。

以我自己為例，我在創業家支援情報雜誌《Entre》擔任編輯長達十八年，創新成為我前半生最大的資產，我真的很幸運！如今，我成為藤屋老師的弟子，持續學習杜拉克理論。兩者都是我無可取代的珍貴資產。

我現在偶爾會回想起那段每天忙著採訪創業家的日子，有時會委託優秀的撰稿者代我完成採訪，無須親自參與所有的採訪行程。

不過，我一直相信「見面三分情」、「答案就在現場」等信念，因此會盡量前往採訪現場，親身感受創業家的熱情，聆聽創業家說話。這些經驗的累積，造就了這本書的出版。

本書是在大家的協助下完成的。

最大的主角是我在《Entre》採訪過的三千多名創業家，我還要感謝在書中登場的三十七名創業家。

在《Entre》共事過的前輩與同事，也與我一同共享了創造的熱情，我們得以打造出「無須受雇於人，可以輕鬆創業」的氛圍。《Entre》問世已經超過二十年，可惜在發行二〇一九年夏季號之後休刊。大前輩菊池保人將整個事業部從公司獨立出來，成立了新公司「Entre」。我深深相信，菊池前輩的骨子裡有著《Entre》的DNA。

我由衷感謝從旁堅定支持我的編輯夥伴，雖然有時意見相左，編輯也會盡一切努力，想出各種方法解決，至今我仍舊深感敬佩與謝意。現在，我還是追隨藤屋伸二老師，每個月向他學習顧問之道，十分感謝他爽快答應擔任本書的審訂者。藤屋老師開創出「適合中小企業的杜拉克理論」，拓展全新市場。我也會發揮我的強項，創造自己的市場，這是我今後的目標。

我與責任編輯川上聰一起合作過好幾本書，但是從沒想過有一天，他會來做我的書。我由衷感謝他總是能以冷靜的態度，站在讀者的角度給我無數建議。

最後，我要感謝因為工作關係，一年中有大半年時間都在海外生活的妻子。在寫書的過程中，我幾乎沒有時間好好和妳說話，但是多虧有妳，我才能完成這本書。我還要感謝總是在我身邊守護我寫書的愛犬蘭斯。每天遛狗三次，是我唯一可以喘息的機會，也是我執筆的創意泉源。今後，我將成為本書的廣告宣傳部長，借助各位的力量，讓更多人閱讀這本書。

未來，我會繼續支援「獨立創業」，期待有一天能和各位在某處相遇。

參考文獻

- 《創新與創業精神》（*Innovation and Entrepreneurship*）
- 《杜拉克精選：管理篇》（*The Essential Drucker on Management*）
- 《二十一世紀的管理挑戰》（*Management Challenges for the 21st Century*）
- 《杜拉克精選：創新管理篇》（*The Essential Drucker on Technology*）
- 《管理大師彼得・杜拉克最重要的經典套書》（*Management: Tasks, Responsibilities, Practices*）
- 《成效管理》（*Managing for Results*）
- 《杜拉克精選：個人篇》（*The Essential Drucker on Individuals*）
- 《杜拉克談高效能的五個習慣》（*The Effective Executive*）
- 《彼得・杜拉克的管理聖經》（*The Practice of Management*）
- 《彼得・杜拉克非營利組織的管理聖經》（*Managing the Non-Profit Organization*）
- 《下一個社會》（*Managing in the Next Society*）
- 《管理新境》（*The Frontiers Of Management*）
- 《每日遇見杜拉克：世紀管理大師366篇智慧精選》（*The Daily Drucker*）
- 《杜拉克超越時代的名言：磨練洞察力的160個智慧》（ドラッカー 時代を超える言葉，上田惇生／鑽石社）
- 《所有成功都來自理念》（成功はすべてコンセプトから始まる，木谷哲夫／鑽石社）
- 《杜拉克管理要點圖解》（図解ポケット ドラッカー経営がよくわかる本，藤屋伸二／秀和系統）
- 《杜拉克一百句名言》（ドラッカー 100の言葉，藤屋伸二／寶島社）

「任務」就是「人生企劃」。
你應該思考的是你的任務究竟是什麼？
任務的價值，帶來正確的行動。
「創新」是任何人都能做到的事，
透過事業，你可以創造只有你才能累積的資產。

Notes

Notes

Notes

Star 星出版 財經商管 Biz 016

一人創業強化攻略

ドラッカー理論で成功する「ひとり起業」の強化書

國家圖書館出版品預行編目（CIP）資料

一人創業強化攻略／天田幸宏 著；游韻馨 譯.
第一版.－新北市：星出版：遠足文化事業股份有限公司發行，
2022.03
256 面；13x19 公分.--（財經商管；Biz 016）.
譯自：ドラッカー理論で成功する「ひとり起業」の強化書
ISBN 978-986-06103-8-3(平裝)

1.CST: 創業 2.CST: 管理策略
494.1　　　　111001377

作者 — 天田幸宏
審訂 — 藤屋伸二
譯者 — 游韻馨

總編輯 — 邱慧菁
特約編輯 — 吳依亭
校對 — 李蓓蓓
封面完稿 — 劉亭瑋
內頁排版 — 立全電腦印前排版有限公司

出版 — 星出版／遠足文化事業股份有限公司
發行 — 遠足文化事業股份有限公司（讀書共和國出版集團）
231 新北市新店區民權路 108 之 4 號 8 樓
電話：886-2-2218-1417
傳真：886-2-8667-1065
email: service@bookrep.com.tw
郵撥帳號：19504465 遠足文化事業股份有限公司
客服專線 0800221029
法律顧問 — 華洋法律事務所 蘇文生律師
製版廠 — 中原造像股份有限公司
印刷廠 — 中原造像股份有限公司
裝訂廠 — 中原造像股份有限公司
登記證 — 局版台業字第 2517 號

出版日期 — 2024 年 01 月 17 日第一版第三次印行
定價 — 新台幣 360 元
書號 — 2BBZ0016
ISBN — 978-986-06103-8-3

新觀點
新思維
新眼界

Star
星出版